# ぷちマンガでわかる
# 微分方程式

佐藤 実／著　あづま 笙子／作画　トレンド・プロ／制作

本書は 2009 年 11 月発行の「マンガでわかる微分方程式」を、判型を変えて出版するものです。

本書に掲載されている会社名・製品名は、一般に各社の登録商標または商標です。

本書を発行するにあたって、内容に誤りのないようできる限りの注意を払いましたが、本書の内容を適用した結果生じたこと、また、適用できなかった結果について、著者、出版社とも一切の責任を負いませんのでご了承ください。

本書は、「著作権法」によって、著作権等の権利が保護されている著作物です。本書の複製権・翻訳権・上映権・譲渡権・公衆送信権（送信可能化権を含む）は著作権者が保有しています。本書の全部または一部につき、無断で転載、複写複製、電子的装置への入力等をされると、著作権等の権利侵害となる場合があります。また、代行業者等の第三者によるスキャンやデジタル化は、たとえ個人や家庭内での利用であっても著作権法上認められておりませんので、ご注意ください。

本書の無断複写は、著作権法上の制限事項を除き、禁じられています。本書の複写複製を希望される場合は、そのつど事前に下記へ連絡して許諾を得てください。

(社)出版者著作権管理機構
(電話 03-3513-6969, FAX 03-3513-6979, e-mail: info@jcopy.or.jp)

JCOPY ＜(社)出版者著作権管理機構 委託出版物＞

　微分方程式って、難しそうですよね。実際、難しいです。じつは私も、講義を受けているときには釈然としませんでした。この本の中で野山ダイチが打ち明けているように、計算することはできても、何をしているのかがわからなかったのです。さまざまな解法のパターンと公式を覚え、練習問題を解いてはいましたが、なんだか雲の中をさまよっているような気分でした。

　そもそも、微分方程式を解くのは難しいことです。解は簡単には見つかりません。でもそれは、一般論としての話。講義には解けない微分方程式はでてきません。解き方がわかっている微分方程式ならば、解けるはずです。数学の得意な人たちが見つけてくれた解法や公式という航路に沿って進んでいけば、誰でも解に到達できます。ただ、慣れない数学の世界を行くのに精一杯で、ついつい目先の数学的な操作に気をとられてしまいがちです。足元ばかり見ていては、全体像を捉えることができず、自分がどこにいるのかも見失ってしまいます。ちょっと視線を上げてまわりを見渡してみれば、素晴らしい景色が広がっているかもしれないのに。

　というわけでこの本は、おすすめルートで微分方程式の世界を巡る遊覧飛行のようなガイドブックになっています。ふつうの教科書とは違い、微分方程式のすべての分野を網羅しているわけではありませんし、数学的な厳密性や一般性を追究しているわけでもありません。まずは決められたルートを辿りながら、ゆったりと景色を楽しんでみて下さい。しかし、現実の空と同様に、微分方程式の世界もひとりで自在に飛び回るところに醍醐味があります。人は翼を持ちませんが、翼を作ることで空を飛ぶことができるようになりました。微分方程式という翼を手に入れることで、数学の世界を飛び回ることもきっとできるようになります。この本をバネにして、皆さんも微分方程式の大空に飛び出して頂ければ幸いです。

　最後になりますが、この本を世に出す機会を与えて下さった株式会社オーム社の皆様、数学の神様を登場させるというアイデアで楽しいシナリオに仕上げて頂いたSWPさん、抽象的な数学の世界を具体的な絵で表現するという困難な仕事を成し遂げられたマンガ家のあづま笙子さんに、心よりお礼申し上げます。この本がここにはあるのはチームワークの賜物です。

2009年11月

佐　藤　　　実

| | | |
|---|---|---|
| ◎ プロローグ | 数宮神社の数ノ姫神 | 1 |
| ◎ 第1章 | 微分方程式とは | 9 |
| ◎ 第2章 | 微積分学の基本定理 | 25 |

    1. 関数と変数とグラフ ……………………………………… 29
    2. 微分 ……………………………………………………………… 42
    3. 積分 ……………………………………………………………… 54

◎ 第3章　変数分離型微分方程式　　69
　　　　　〜エゾシカ王国は実現するか？〜

    1. 現象 ……………………………………………………………… 72
    2. モデル ………………………………………………………… 74
    3. 解 ………………………………………………………………… 78
    4. 解釈 ……………………………………………………………… 82
    5. マルサスの法則 ……………………………………………… 91
    6. 放射性崩壊 …………………………………………………… 96
    7. 様々な現象とひとつの表式 …………………………… 104
    8. ロジスティック・モデル ……………………………… 105

◎ 第4章　1階非同次線形微分方程式　定数変化法　111
　　　　　〜雲は落ちている〜

    1. 現象 ……………………………………………………………… 116

2. モデル ･････････････････････････････････････････ 123
　　　3. 解 ･･････････････････････････････････････････････ 131
　　　4. 解釈 ････････････････････････････････････････････ 136
　　　5. 定数変化法 ･････････････････････････････････････ 145

## 第5章　2階線形微分方程式　　　　151
〜揺れ動くだけじゃない〜

　　　1. 振動の現象 ･････････････････････････････････････ 152
　　　2. 振動モデル1 ･･･････････････････････････････････ 157
　　　3. 振動モデル2　〜単振動〜 ････････････････････ 164
　　　4. 振動モデル3　〜抵抗力があると…〜 ･････････ 172
　　　5. ここまでのまとめ─特性方程式 ･････････････････ 195
　　　6. 振動モデル1へ戻る　〜外力があると…〜 ････ 197

## 付録　　　　211

　　　1. コーヒーの冷却 ･････････････････････････････････ 212
　　　2. ロケットの飛行 ･････････････････････････････････ 215
　　　3. 感覚量 ･･････････････････････････････････････････ 216
　　　4. 広告の効果 ･････････････････････････････････････ 217
　　　5. 積分因子による解法 ･･･････････････････････････ 222
　　　6. ロジスティック・モデル、ふたたび ････････････････ 224

読書案内 ･･･････････････････････････････････････････････ 229
索引 ･･･････････････････････････････････････････････････ 230

プロローグ
# 数宮神社の数ノ姫神

# 第1章
# 微分方程式とは

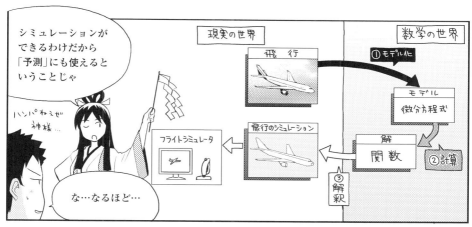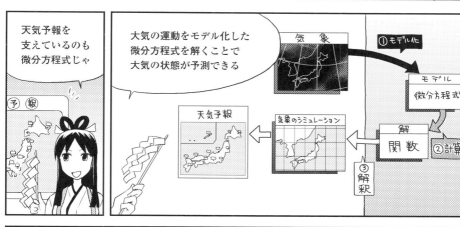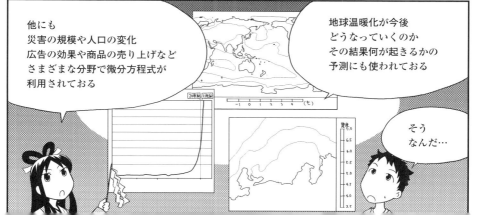

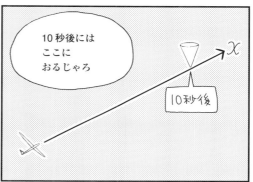

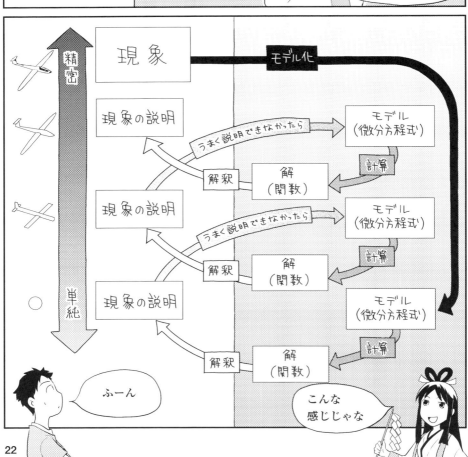

# 第2章
# 微積分学の基本定理

1. 関数と変数とグラフ
2. 微分
3. 積分

# 1. 関数と変数とグラフ

先日の解説ですでに使ったが、モデル化するためには関数を使う

要するに関数は数 $x$ に対する数 $y$ の関係のことじゃ

『$x$ を決めると何かのルールに従って $y$ が決まる』

というのが関数なのじゃ

どういう仕組みで出てくんだコレ

まあ神様の

やることですから

関数の記号には $f$ (function) がよく使われる

しかし現象をモデル化するときは $f$ ではない文字もよく使う

速度 (velocity) なら $v$
温度 (temperature) なら $T$

…のように機能を反映した記号を付けるのじゃ

なるほど

わかりやすいですねぇ

第2章 ◆ 微積分学の基本定理

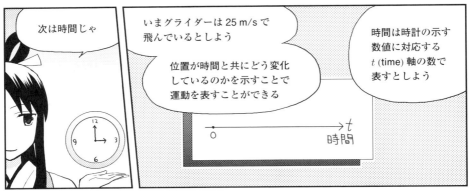

ということで…
変数の主従関係は
関数の記号を使って

$$x = f(t)$$

と表すことが
できる

時間を入れると
位置が出てくる関数
なので $f$ を $x$ に変えて

$$x = x(t)$$

と表す

グライダーの運動を
表してみよ

えっと…
グライダーは
25 m/s で進んで
いるから

$x$ をメートル
$t$ を秒として
$x(t) = 25t$
ですね

そうじゃ

そしてグライダーの
位置の時間変化を
グラフに表すと…

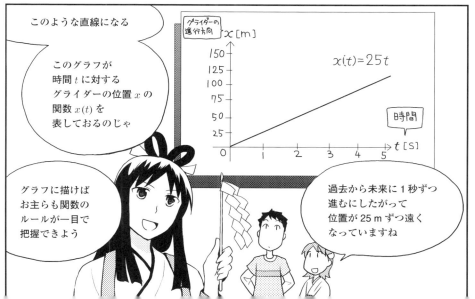

このような直線になる

このグラフが
時間 $t$ に対する
グライダーの位置 $x$ の
関数 $x(t)$ を
表しておるのじゃ

グラフに描けば
お主らも関数の
ルールが一目で
把握できよう

過去から未来に1秒ずつ
進むにしたがって
位置が 25 m ずつ遠く
なっていますね

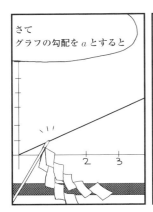

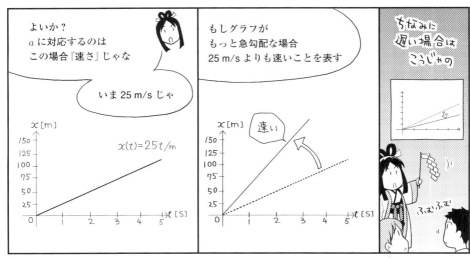

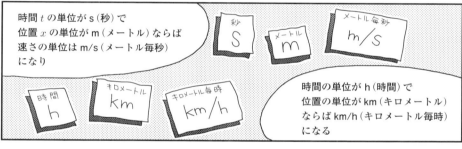
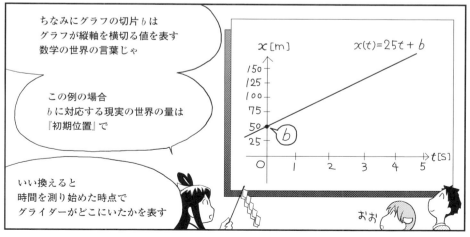

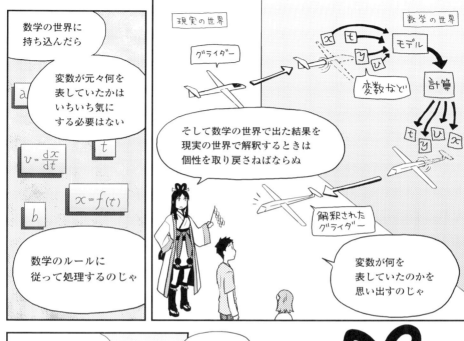

■ 指数関数

どんどん増えたり、どんどん減ったりするのじゃ

$a$ をある定数として、
$$y(x) = a^x$$
と表される関数を、指数関数といいます。

指数関数の振る舞いは右のようなかんじです。

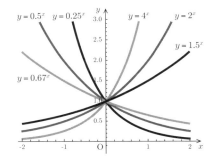

定数 $a$ がどんな数でも指数関数と呼ばれますが、微分方程式を扱う上でとても重要なのは、
$$\lim_{n \to \infty} \left(1 + \frac{1}{n}\right)^n = e = 2.718281828459045235\cdots$$
で定義される定数 $e$ の指数関数、
$$y(x) = e^x$$
です。ここで現れた、「$e$」という記号で表される数は「ネイピア数」といいます。指数関数の基本的な性質には、
$$a^x a^y = a^{x+y}, \ \frac{a^x}{a^y} = a^{x-y}, \ (a^x)^y = a^{xy}, \ \left(\frac{a}{b}\right)^x = \frac{a^x}{b^x}$$
といったものがあります。

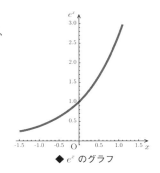

◆ $e^x$ のグラフ

■ **対数関数**

どんどん変化したあとにやがて変化が鈍るのじゃ

指数関数の逆関数を対数関数といいます。つまり、
$$x = a^y$$
を $y$ イコールの式に書き直した、
$$y(x) = \log_a x$$
が対数関数です。

対数関数の振る舞いは右のようなかんじです。

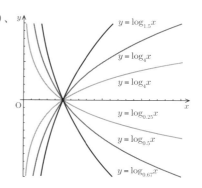

定数 $a$ を「底（てい）」といい、底が 10 の対数 $\log_{10} x$ を常用対数、底が $e$ の対数 $\log_e x$ を自然対数といいます。微分方程式を扱う上では自然対数の方が重要です。自然対数を表すために、
$$y(x) = \ln x$$
と簡単に書くこともあります。対数関数の基本的な性質には、

$$\log_a xy = \log_a x + \log_a y, \ \log_a \frac{x}{y} = \log_a x - \log_a y, \ \log_a x^y = y \log_a x, \ \log_b x = \frac{\log_a x}{\log_a b}$$

といったものがあります。

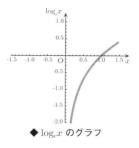

◆ $\log_e x$ のグラフ

第 2 章 ◆ 微積分学の基本定理　39

■ 三角関数

増えたり減ったり揺れ動くのじゃ

下図のような直角三角形の各辺の長さの比と角の関係、
$$\sin x = \frac{c}{a}, \cos x = \frac{b}{a}$$
で定義される関数をまとめて三角関数といいます。これらの関数は周期が $2\pi$ の周期関数なので、周期的な現象などを表すときによく使われます。また、ピタゴラスの定義より、
$$\cos^2 x + \sin^2 x = 1$$
が成り立ちます[1]。ここで、$p = \cos x, q = \sin x$ とおくと $p^2 + q^2 = 1$ となり $pq$ 平面の円周上の点を表現していることに対応しています。

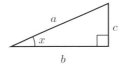

◆ 直角三角形の各辺と角

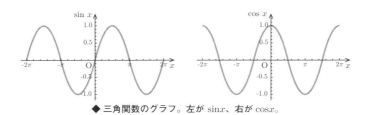

◆ 三角関数のグラフ。左が $\sin x$、右が $\cos x$。

---

[1] 次に出てくるオイラーの公式を使って、
$\cos^2 x + \sin^2 x = ((e^{ix} + e^{-ix})/2)^2 + ((e^{ix} - e^{-ix})/2i)^2 = (e^{2ix} + e^{-2ix} + 2)/4 - (e^{2ix} + e^{-2ix} - 2)/4 = 1$ と求めることもできます。

## ■ 双曲線関数

> 三角関数とよく似た性質の関数じゃ

一見何の関係もなさそうな指数関数と三角関数ですが、オイラーの公式[2]、
$$e^{\pm ix} = \cos x \pm i\sin x$$
によって、虚数を介して離れがたい関係にあります。このオイラーの公式を使うと、
$$\cos x = \frac{e^{ix} + e^{-ix}}{2}, \quad \sin x = \frac{e^{ix} - e^{-ix}}{2i}$$
という関係にあることがわかります。これとよく似た式で定義される関数に、双曲線関数があります。双曲線関数は、
$$\cosh x = \frac{e^x + e^{-x}}{2}, \quad \sinh x = \frac{e^x - e^{-x}}{2}$$
で定義される関数です（右図）。定義より、
$$\cosh^2 x - \sinh^2 x = \left(\frac{e^x + e^{-x}}{2}\right)^2 - \left(\frac{e^x - e^{-x}}{2}\right)^2$$
$$= \frac{e^{2x} + e^{-2x} + 2}{4} - \frac{e^{2x} + e^{-2x} - 2}{4}$$
$$= 1$$

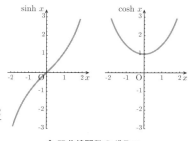

◆ 双曲線関数のグラフ。左が $\sinh x$、右が $\cosh x$。

が成り立ちます。ここで、$p = \cosh x$, $q = \sinh x$ とおくと $p^2 - q^2 = 1$ となり、これは $pq$ 平面の双曲線上の点を表現していることに対応しています。これが双曲線関数と呼ばれる所以です。双曲線を hyperbola というので、cosh をハイパボリック・コサイン、sinh をハイパボリック・サインといいます。名前は三角関数と似ていますが、関数の性質に似ているところがあるというだけで、別物だと思っておいた方がいいでしょう。

---

[2] 指数関数と三角関数をそれぞれ級数展開すると導くことができます。ところで、$x = \pi$ の場合、$e^{i\pi} + 1 = 0$ となり、$e, \pi, 1, i, 0$ が結びつく、神秘的な式が得られます。無理数 $e$ の無理数 $\pi \times$ 虚数単位 $i$ 乗に 1 を足したら 0 になるなんて、びっくりです。

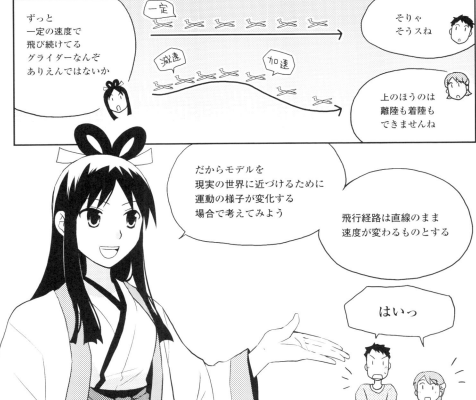

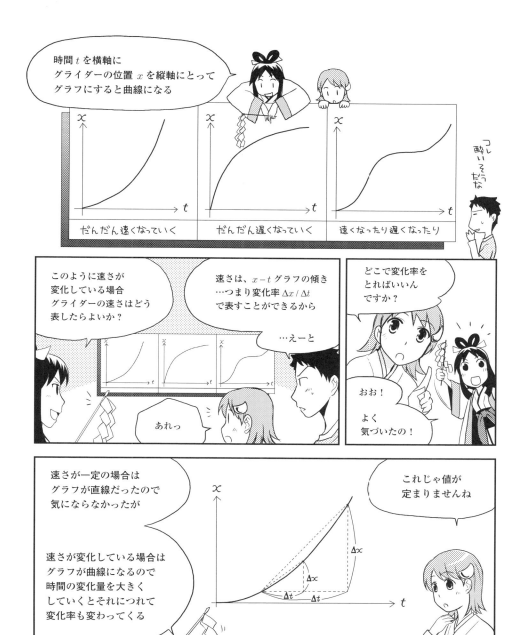

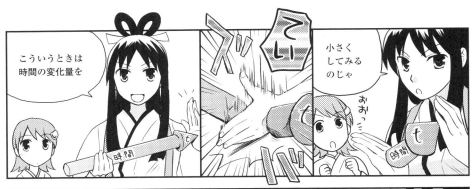

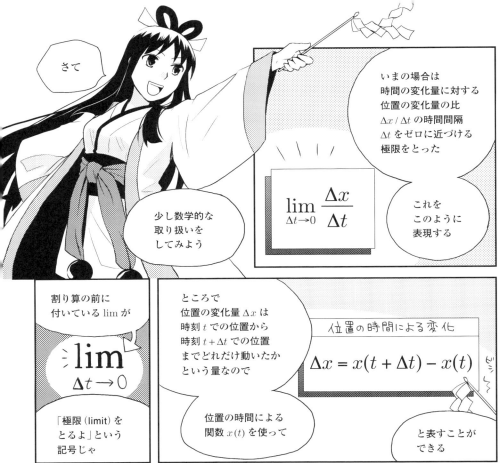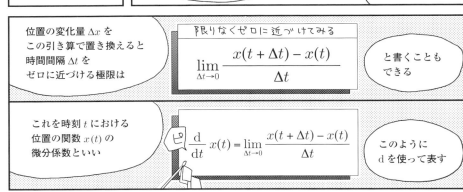

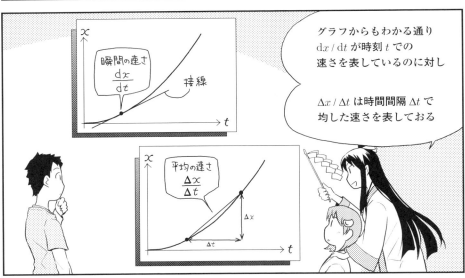

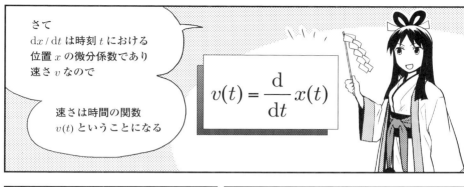

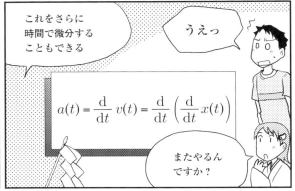

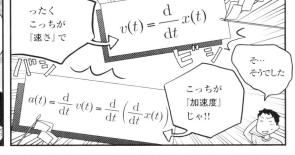
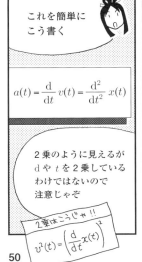

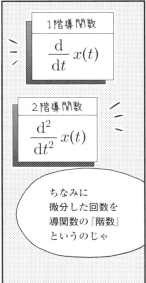

「グライダーの運動からちょっと離れて、微分の計算について調べてみようかの」

「はい！」

「ミズキちゃんやる気だねー」

「関数 $f(t)$ には、いろいろなルールを考えることができるのじゃ。いくつかを例に、定義に従って関数 $f(t)$ の微分を求めてみよう。

まず定数の場合、
$$f(t) = 1$$
は、微分の定義により、
$$\frac{\mathrm{d}}{\mathrm{d}t} f(t) = \lim_{\Delta t \to 0} \frac{f(t + \Delta t) - f(t)}{\Delta t} = \lim_{\Delta t \to 0} \frac{1 - 1}{\Delta t} = 0$$
となり、ゼロになる。

次に、$t$ に比例する場合、
$$f(t) = t$$
は同様に、
$$\frac{\mathrm{d}}{\mathrm{d}t} f(t) = \lim_{\Delta t \to 0} \frac{f(t + \Delta t) - f(t)}{\Delta t} = \lim_{\Delta t \to 0} \frac{(t + \Delta t) - t}{\Delta t} = \lim_{\Delta t \to 0} \frac{t + \Delta t - t}{\Delta t} = 1$$
となる。

$t$ の2乗に比例する場合、
$$f(t) = t^2$$
ならば、
$$\frac{\mathrm{d}}{\mathrm{d}t} f(t) = \lim_{\Delta t \to 0} \frac{f(t + \Delta t) - f(t)}{\Delta t} = \lim_{\Delta t \to 0} \frac{(t + \Delta t)^2 - t^2}{\Delta t} = \lim_{\Delta t \to 0} \frac{(t^2 + 2t\Delta t + \Delta t^2) - t^2}{\Delta t}$$
$$= \lim_{\Delta t \to 0} \frac{2t\Delta t + \Delta t^2}{\Delta t} = \lim_{\Delta t \to 0} (2t + \Delta t) = 2t$$
となり、$t$ の1次関数 $2t$ になるのじゃ」

「なんとなくルールが見えてきたか？」

「うーん…」

「並べて書くとわかりやすいかもしれんな」

$$f(t) = 1 \rightarrow \frac{\mathrm{d}}{\mathrm{d}t} f(t) = 0$$

$$f(t) = t \rightarrow \frac{\mathrm{d}}{\mathrm{d}t} f(t) = 1$$

$$f(t) = t^2 \rightarrow \frac{\mathrm{d}}{\mathrm{d}t} f(t) = 2t$$

「あっ！ なんだか見えてきました…」

「ここで、数学の世界のメリットである一般化をしてみよう。$n$ を具体的な数ではなく変数として、$f$ が $t$ の $n$ 乗に比例する場合、

$$f(t) = t^n$$

を考える。この場合、少し面倒にはなるが、

$$\begin{aligned}
\frac{\mathrm{d}}{\mathrm{d}t} f(t) &= \lim_{\Delta t \to 0} \frac{f(t + \Delta t) - f(t)}{\Delta t} \\
&= \lim_{\Delta t \to 0} \frac{(t + \Delta t)^n - t^n}{\Delta t} \\
&= \lim_{\Delta t \to 0} \frac{(t^n + nt^{n-1}\Delta t + \cdots + nt\Delta t^{n-1} + \Delta t^n) - t^n}{\Delta t} \\
&= \lim_{\Delta t \to 0} \frac{nt^{n-1}\Delta t + \cdots + nt\Delta t^{n-1} + \Delta t^n}{\Delta t} \\
&= nt^{n-1}
\end{aligned}$$

となり、

$$f(t) = t^n \rightarrow \frac{\mathrm{d}}{\mathrm{d}t} f(t) = nt^{n-1}$$

$t$ の $n-1$ 次関数 $nt^{n-1}$ になるのじゃ[3]」

「これはいわゆる、微分の公式、

$$\frac{\mathrm{d}}{\mathrm{d}t} t^n = nt^{n-1}$$

ですね」

---

3 式に出てきた「…」は、省略している項があることを示しています。$n$ が変数なので項数を決めることはできず、書き下すわけにはいかないのですが、こう書くと「まあ、なんとなくわかってよ」という感じに式を書くことができます。うまいこと考えたものです。

「公式は、数学の世界の便利な道具じゃ。公式があるので、いちいちはじめから計算する必要がないわけじゃ。とはいっても、一度は自分で導出してみることを勧める。未開の原野を行くわけではなく、目的地に到達できるという道筋がすでに付けられているので、誰でも行き着くことができる」

「誰でも？」

「そう。ここが重要じゃ。数式の操作は複雑そうに見えるが、やっていることは意外と単純じゃ。教科書には、さまざまな関数を微分する公式が載っているから、ぜひ自分の手で導出してみよう」

「微分の公式をいくつか挙げておこう」

$$\frac{\mathrm{d}}{\mathrm{d}t}\sin t = \cos t$$

$$\frac{\mathrm{d}}{\mathrm{d}t}\cos t = -\sin t \tag{2.1}$$

$$\frac{\mathrm{d}}{\mathrm{d}t}e^t = e^t$$

「また、微分の基本的性質として、以下のようなものがある」

$$\frac{\mathrm{d}}{\mathrm{d}t}(\alpha f(t) + \beta g(t)) = \alpha \frac{\mathrm{d}}{\mathrm{d}t}f(t) + \beta \frac{\mathrm{d}}{\mathrm{d}t}g(t)$$

$$\frac{\mathrm{d}}{\mathrm{d}t}f(t)g(t) = g(t)\frac{\mathrm{d}}{\mathrm{d}t}f(t) + f(t)\frac{\mathrm{d}}{\mathrm{d}t}g(t)$$

$$\frac{\mathrm{d}}{\mathrm{d}t}g(f(t)) = \frac{\mathrm{d}}{\mathrm{d}f(t)}g(f(t))\frac{\mathrm{d}}{\mathrm{d}t}f(t) \tag{2.2}$$

$$\frac{\mathrm{d}x}{\mathrm{d}y} = \frac{1}{\frac{\mathrm{d}y}{\mathrm{d}x}} \quad (y = f(x),\ x = f^{-1}(x))$$

「フムフム」

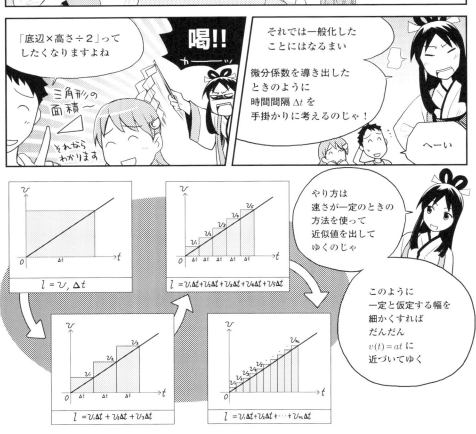

「時刻 $t_f$ でのグライダーの位置座標 $x(t_f)$ は、時刻 $t_i$ でのグライダーの位置座標 $x(t_i)$ と、時刻 $t_i$ から時刻 $t_f$ までの間に移動した距離 $l$ の和、

$$x(t_f) = x(t_i) + l$$

となる。速さの関数 $v(t)$ がわかれば、移動した距離 $l$ は $v(t)$ を時間 $t$ で積分して、

$$x(t_f) = x(t_i) + \int_{t_i}^{t_f} v(t) \mathrm{d}t$$

と、表すことができる。ここで、動きを封じてあった（ある特定の時刻を表すとしていた）変数 $t_f$ を動けるようにして（特定の時刻ではなく）どの時刻 $t$ [4]に動いてもいいことにすると、移動距離 $l$ は時間の関数、

$$l(t) = \int_{t_i}^{t} v(t) \mathrm{d}t \tag{2.3}$$

となるので、時刻 $t$ における位置もやはり時間の関数 $x(t)$、

$$x(t) = x(t_i) + \int_{t_i}^{t} v(t) \mathrm{d}t \tag{2.4}$$

となる。こうして求めた位置 $x(t)$ を、$x(t_i) = 0$ として、縦軸を位置、横軸を時間としたグラフを描くと下図のようになるのじゃ」

**◆ 位置の時間変化**

「ところで、速さの時間変化の関数 $v(t)$ がわかっているときに、時刻 $t_i$ から任意の時刻 $t$ までの間に移動した距離 $l(t)$ を求める積分 (2.3) は、時間 $t$ の関数だったな」

---

4 任意の時刻、といったりします。

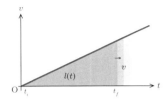

積分の上限が動くと求める面積も変化する。

◆ 時刻 $t_i$ から任意の時刻 $t$ までの間に移動した距離 $l(t)$ を求める積分

「ここで、関数 $l(t)$ を $t$ で微分してみよう。微分の定義に従って書くと、

$$\frac{\mathrm{d}}{\mathrm{d}t} l(t) = \lim_{\Delta t \to 0} \frac{l(t+\Delta t) - l(t)}{\Delta t}$$

じゃな。$l(t)$ をインテグラルを含む式に置き換えると、

$$\frac{\mathrm{d}}{\mathrm{d}t} l(t) = \lim_{\Delta t \to 0} \frac{\int_{t_i}^{t+\Delta t} v(t)\mathrm{d}t - \int_{t_i}^{t} v(t)\mathrm{d}t}{\Delta t} = \lim_{\Delta t \to 0} \frac{\int_{t}^{t+\Delta t} v(t)\mathrm{d}t}{\Delta t} \quad (2.5)$$

となる。この極限は、$v(t)$ に近づく。つまり、

$$\frac{\mathrm{d}}{\mathrm{d}t} l(t) = v(t)$$

ということじゃ。ところで、関数 $l(t)$ は(2.3)、

$$l(t) = \int_{t_i}^{t} v(t)\mathrm{d}t$$

だったわけだから、積分した関数を微分すると元の関数に戻る、ということじゃ[5]」

「時刻 $t$ における位置 $x(t)$ は(2.4)、

$$x(t) = x(t_i) + \int_{t_i}^{t} v(t)\mathrm{d}t$$

と表すことができた。任意の時刻を表す変数 $t$ の動きを、もう一度止めて $t_f$ とし、両辺から $x(t_i)$ を引いて、右辺と左辺を入れ換えると、

$$\int_{t_i}^{t_f} v(t)\mathrm{d}t = x(t_f) - x(t_i)$$

---

[5] そんなのあたりまえじゃん、というあなた。あなたは、この本を読む必要がないくらい数学に精通しているか、暗記数学に毒されているかのどちらかです。

となる。これは、時刻 $t_i$ から時刻 $t_f$ の間にグライダーが移動した距離が、時刻 $t_f$ でのグライダーの位置 $x(t_f)$ から時刻 $t_i$ でのグライダーの位置 $x(t_i)$ を引くことで得られることを示している。当然じゃな。でもちょっと待て。移動した距離は $v-t$ グラフの面積じゃ。一方、位置は微分して速さになる量じゃ。グラフの面積と、微分して速さになる量の間には、なんの関係もなかったはず。しかし、数式では等号で結ばれている。重要な関係がありそうじゃ。

数学の得意技、一般化をしてみよう。微分すると $f(t)$ になる関数 $F(t)$ を考える。

$$\frac{\mathrm{d}}{\mathrm{d}t}F(t) = f(t) \tag{2.6}$$

この $F(t)$ を $f(t)$ の原始関数という。$F(t)$ と $f(t)$ は、関数 $F(t)$ を微分すると導関数 $f(t)$ が得られ、関数 $f(t)$ を積分すると原始関数 $F(t)$ が得られる、という関係にある。掛け算と割り算の関係と同じように、微分と積分は互いの逆演算になっているわけじゃ。

関数 $F(t)$ を微分すると導関数 $f(t)$ が得られ、関数 $f(t)$ を積分すると原始関数 $F(t)$ が得られる。
◆ 微分と積分は互いの逆演算

さきほどの速さと位置の関係の、

$$\int_{t_i}^{t_f} v(t)\mathrm{d}t = x(t_f) - x(t_i)$$

$v(t)$ を $f(t)$ に、$x(t)$ を $f(t)$ の原始関数 $F(t)$ に、$t_i$ を $a$、$t_f$ を $b$ に置き換えると、

$$\int_a^b f(t)\mathrm{d}t = F(b) - F(a)$$

となる。これを微積分学の基本定理という」

「関数のグラフが作る図形の面積(左辺)を微分の逆演算(右辺)によって求めることができる、ということを示しているのじゃ!」

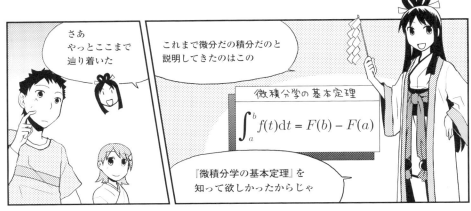

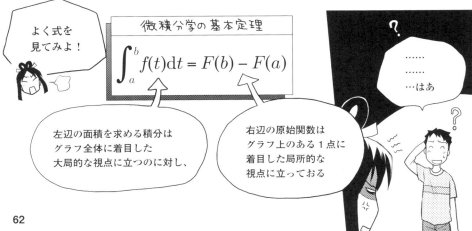

さて、微積分学の基本定理を見ると、関数のグラフが作る図形の面積の値は、原始関数の積分上限での値から下限での値を引いたものに等しい、ということですね。$F(b)-F(a)$ を、

$$[F(t)]_a^b = F(b) - F(a)$$

という記号で表すことにすると、

$$\int_a^b f(t)\mathrm{d}t = [F(t)]_a^b$$

となります。これはつまり、原始関数がわかっていれば、グラフの面積をいちいち極限操作をすることなく、原始関数の引き算で求めることができるということを示しています[6]。これは便利です。

関数 $f(t)$ の原始関数全体を、

$$\int f(t)\mathrm{d}t$$

という記号で表すことにします。これを不定積分と呼びます[7]。これに対して、関数のグラフが作る図形の面積を求める積分、

$$\int_a^b f(t)\mathrm{d}t$$

を定積分といいます。微積分学の基本定理は、パッと見ただけでは関係がなさそうな[8]不定積分と定積分が結びついている、といっているわけです。

さて、$F(t)$ が $f(t)$ の原始関数ならば、$C$ を任意の定数として、微分の性質より、

$$\frac{\mathrm{d}}{\mathrm{d}t}(F(t) + C) = \frac{\mathrm{d}}{\mathrm{d}t}F(t) + 0 = f(t)$$

となるので、$F(t) + C$ も $f(t)$ の原始関数となります。つまり、不定積分は、

$$\int f(t)\mathrm{d}t = F(t) + C$$

となり、定数 $C$ は決めることができません。この任意の定数 $C$ を積分定数といいます。積分定数が定まらないので、不定積分というわけですね。グラフで表現すると、不定積分で得ることのできる原始関数は、平行移動で重ねることのできるすべてのグラフ、ということになります。

---

[6] 極限操作で積分をするのは、実際にはかなり困難です。
[7] 不貞積分ではありません、念のため。
[8] 式の形のことをいっているのではなく、意味のことをいっています。表記が似ているのは、微積分学の基本定理を知っている人が考えたからです。

不定積分の公式は、積分が微分の逆演算なので、導関数の公式を逆向きに読み替えることで得ることができます。

$$\frac{d}{dt}t^n = nt^{n-1} \rightarrow \int t^{n-1}dt = \frac{t^n}{n} + C \ (n \neq 0)$$

$$\frac{d}{dt}\sin t = \cos t \rightarrow \int \cos t\, dt = \sin t + C$$

$$\frac{d}{dt}\cos t = -\sin t \rightarrow \int \sin t\, dt = -\cos t + C$$

$$\frac{d}{dt}e^t = e^t \rightarrow \int e^t dt = e^t + C$$

　微分方程式を具体的に解くのは次章以降ということにして、微分方程式の種類をざっと眺めてこの章を終えましょう。すでに見たように、方程式の中に微分係数が入っていさえすれば微分方程式になってしまうので、なにか分類する方法を考えないと大混乱間違いなしです。微分方程式の分類には、独立変数の個数、導関数の階数や次数、線形・非線形、定係数・変係数、同次・非同次、などを手掛かりにします。

◆ 微分方程式の分類

　まずは、独立変数の個数から見ていきましょう。1個の独立変数に対する1個の従属変数の関係を取り扱う微分方程式を、常微分方程式といいます。独立変数が複数ある場合は、微分係数を求めるために偏微分という方法を使います。偏微分係数を含む微分方程式を、偏微分方程式といいます。この本では、常微分方程式だけを扱います。これまで見てきた微分方程式も、すべて常微分方程式です。偏微分方程式は現れないので、この本で微分方程式といったら常微分方程式のことだと思ってください。
　つぎは、階数と次数です。微分方程式に含まれる導関数のうち、一番大きな階数を微分

方程式の階数といい、その導関数の次数を微分方程式の次数といいます。導関数の次数は、導関数の冪数（何乗されているか）を表します。たとえば、

$$\frac{\mathrm{d}x}{\mathrm{d}t} + kx = ka \quad \leftarrow 1階1次微分方程式$$

は、1階導関数を含み、その次数は1次なので、1階1次微分方程式に分類されます。また、

$$m\frac{\mathrm{d}^2x}{\mathrm{d}t^2} + v\frac{\mathrm{d}x}{\mathrm{d}t} + kx = 0 \quad \leftarrow 2階1次微分方程式$$

では、導関数は1階導関数と2階導関数のふたつありますが、一番大きな階数を微分方程式の階数とするルールなので2階であり、その2階導関数の次数は1次なので、2階1次微分方程式に分類されます。

　つぎに、線形と非線形です。線形微分方程式とは、従属変数とその導関数の次数が1次である微分方程式のことをいいます。1次でない項があれば、非線形微分方程式です。さきほどと同じ微分方程式で見ると、

$$\frac{\mathrm{d}x}{\mathrm{d}t} + kx = ka \quad \leftarrow 線形微分方程式$$

と、

$$m\frac{\mathrm{d}^2x}{\mathrm{d}t^2} + v\frac{\mathrm{d}x}{\mathrm{d}t} + kx = 0 \quad \leftarrow 線形微分方程式$$

のどちらも、従属変数とその導関数の次数は1次なので、線形微分方程式です。

　つぎは、定係数と変係数です。線形微分方程式のうち、係数がすべて定数のものを定係数微分方程式といい、係数が変数ならば変係数微分方程式といいます。たとえば、

$$m\frac{\mathrm{d}^2x}{\mathrm{d}t^2} + v\frac{\mathrm{d}x}{\mathrm{d}t} + kx = 0 \quad \leftarrow 変係数微分方程式$$

は、変係数微分方程式ですが、

$$\frac{\mathrm{d}^2x}{\mathrm{d}t^2} + 3\frac{\mathrm{d}x}{\mathrm{d}t} + 7x = 0 \quad \leftarrow 定係数微分方程式$$

となると、定係数微分方程式です。

　最後に、同次と非同次です。線形微分方程式のうち、従属変数と関係がない定数がゼロのものを同次方程式といい、ゼロではないものを非同次方程式といいます。たとえば、

$$\frac{\mathrm{d}x}{\mathrm{d}t} + kx = ka \quad \leftarrow 非同次方程式$$

は、非同次方程式で、

$$m\frac{\mathrm{d}^2 x}{\mathrm{d}t^2} + v\frac{\mathrm{d}x}{\mathrm{d}t} + kx = 0 \qquad \leftarrow \text{同次方程式}$$

は、同次方程式です。

分類するときには、これらをまとめて使います。たとえば、

$$m\frac{\mathrm{d}^2 x}{\mathrm{d}t^2} + v\frac{\mathrm{d}x}{\mathrm{d}t} + kx = 0 \qquad \leftarrow \text{2階1次変係数同次線形常微分方程式}$$

ならば、2階1次変係数同次線形常微分方程式、という具合です。長いですねぇ。実際には、状況に応じて省略します。具体的に微分方程式を扱うようになったら、気にしてみて下さい。

この本では、第3章で1階同次微分方程式のうちの変数分離型を、第4章で1階非同次線形微分方程式を、第5章で2階線形微分方程式を、それぞれ扱います。

この本で扱う微分方程式の例:

| 階数 | 種類 | 数式 | 説明 | 章 |
|---|---|---|---|---|
| 1階 | 同次線形 | $\dfrac{\mathrm{d}P}{\mathrm{d}t} = \mu P$ | エゾシカの生息数の変化を記述する微分方程式 | 第3章 |
| 1階 | 非同次線形 | $m\dfrac{\mathrm{d}v}{\mathrm{d}t} = mg - 6\pi\eta r v$ | 重力と粘性抵抗を考えた場合の運動方程式 | 第4章 |
| 2階 | 同次線形 | $m\dfrac{\mathrm{d}^2 x}{\mathrm{d}t^2} + c\dfrac{\mathrm{d}x}{\mathrm{d}t} + kx = 0$ | 弾性力と抵抗力を考えた振動系の運動方程式 | 第5章 |
| 2階 | 非同次線形 | $m\dfrac{\mathrm{d}^2 x}{\mathrm{d}t^2} + c\dfrac{\mathrm{d}x}{\mathrm{d}t} + kx = F_0 \cos \nu t$ | 外力も含めた振動系の運動方程式 | 第5章 |

# 第3章
# 変数分離型微分方程式
〜エゾシカ王国は実現するか？〜

1 現象

2 モデル

3 解

4 解釈

5 マルサスの法則

6 放射性崩壊

7 様々な現象とひとつの表式

8 ロジスティック・モデル

第3章 ◆ 変数分離型微分方程式

## 2. モデル

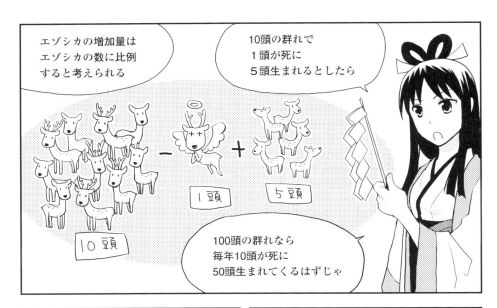

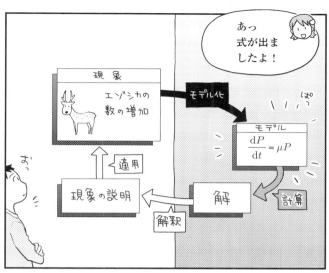

第 3 章 ◆ 変数分離型微分方程式

## 3. 解

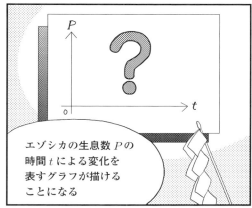

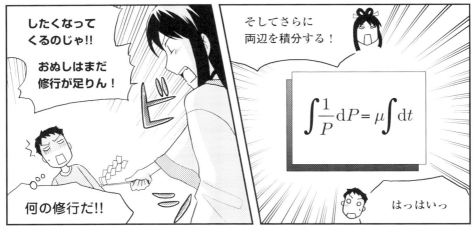

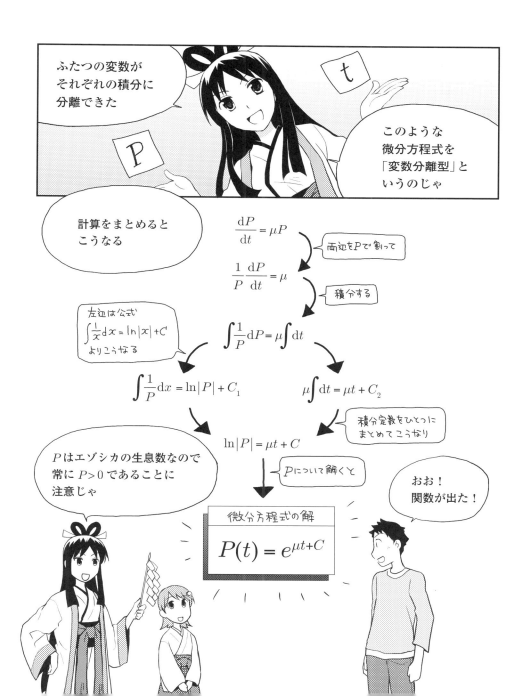

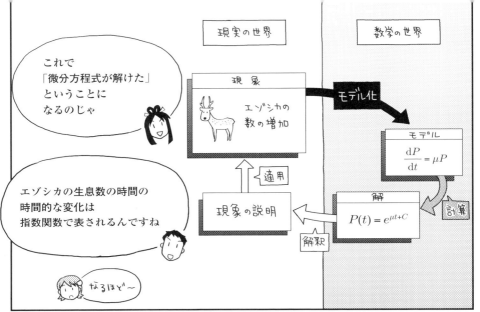

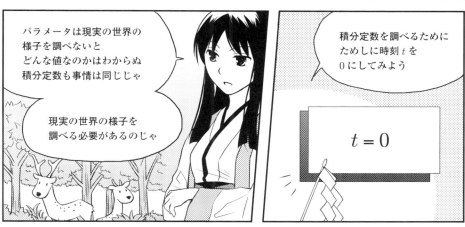

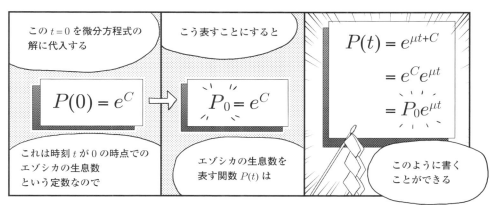

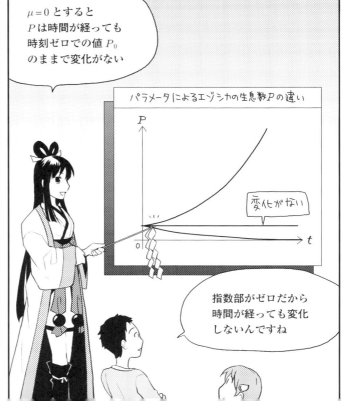

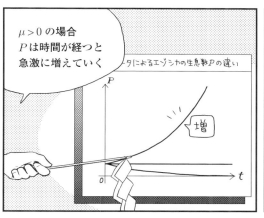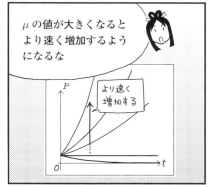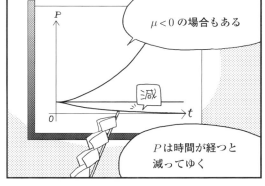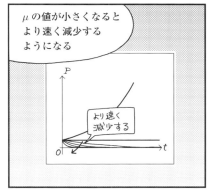

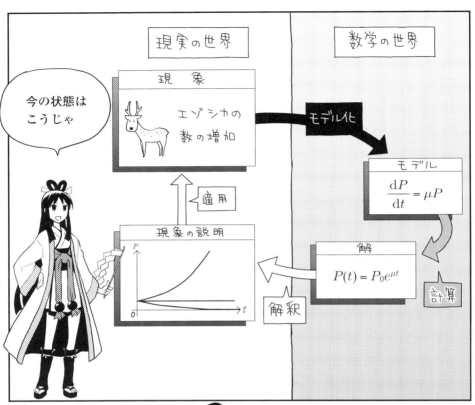

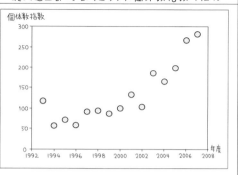

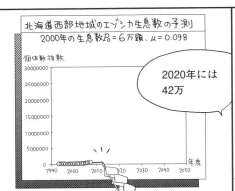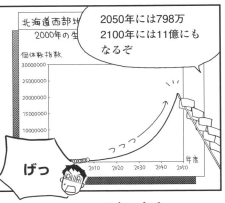

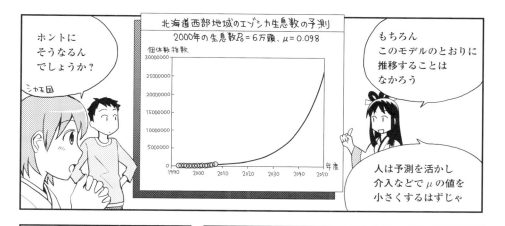

## 5. マルサスの法則

👧「現実の世界の現象をモデル化して数学の世界に持ち込むときに、数式という抽象的な表現をとった。エゾシカの生息数に $P$、時間に $t$ という記号を与え、

$$\frac{dP}{dt} = \mu P$$

という微分方程式で、エゾシカの生息数の増加率 $dP/dt$ がエゾシカの生息数 $P$ に比例する、というモデルを表現したわけじゃ」

👧「そうですね」

👧「しかし、抽象化された数学の世界では、$P$ がエゾシカの生息数である、ということはまったく興味の対象外じゃ」

👧「なんだか味も素っ気もないような…」

👧「そんなことないぞ！ それはつまり、同じ微分方程式で表現されているモデルが当てはまる現象であれば、$P$ は何を表していると解釈してもいい、ということじゃ。いまの場合、$dP/dt$ が $P$ に比例するようなものであれば、$P$ は何でもいいのじゃ」

👧「『世界の人口』や『ヒット商品の普及率』でしたっけ？」

👧「『バクテリアの増殖過程』もそうじゃ。『何かの数の増加率がその数に比例する』として説明できる現象はたくさんある。」

👧「世界の人口が増え続けている、ということはよく知られておる」

👧「人口爆発ってやつですね」

👧「じつは問題なのは、人口が増えていることではなく、指数関数的に増えている、ということじゃ。極論すると、人口が指数関数的に増えているというだけならば、問題はない。問題なのは、人類が使うことのできる資源は、指数関数的には増えていかないことじゃ」

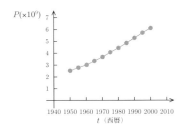

世界の人口は指数関数的に増えている。

◆ 世界の人口 [1]

- 「資源が足りなくなるのはあたりまえなんですね」

- 「そう。たとえば、人は食べないと生きていけないわけじゃが、食料生産は指数関数的には増加せん。人口増加のような指数関数的な増加の場合、時間が経つごとに倍々で増えてゆく。一方、食料増産の方法としては、畑や牧場の面積を増やすか、生産効率を上げるかじゃが、畑にしても牧場にしても面積を倍々で増やしていくことは無理じゃ」

- 「そりゃあそうですよ（汗）」

- 「頑張っても、ある期間ごとに一定の量を付け加えていく程度じゃろう[2]。生産効率を倍々で上げていくのは、もっと難しいことじゃ。つまり、人口の増え方と食料の増え方が質的に異なり、1人当たりの食料の量は減っていくだけではなく、時間が経つに従って急激に少なくなっていくことになる[3]」

- 「これではいずれ飢餓状態になってしまいますね[4]」

- 「このように、人口の増え方が食料生産の増え方とは振る舞いが異なることを最初に指摘したのが、マルサスじゃ」

- 「マルサス…さん？」

---

1 データ出典：国連、World Population Prospects : The 2008 Revision
2 地球上にはまだまだ土地があるように感じますが、使うことができる土地というのは案外少ないものです。また、土地があったとしても、水や日照、気温などの問題もあります。
3 等比級数的な変化と等差級数的な変化ということもあります。倍々で増えていくのが等比級数的な変化、一定の量を加えていくのが等差級数的な変化ですね。
4 いずれ、ではなく、地域によってはすでにおきていることかもしれません。世界全体が均等に飢餓状態になっていくことはなく、貧しい地域から飢餓になっていく、ということは、現在の世界の状況を見ればわかります。

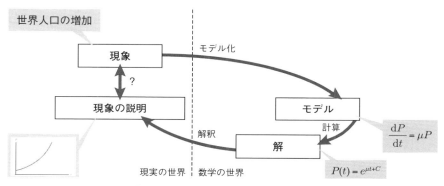

◆ 世界人口の増加という現象を説明したい

👧「人口の増加率 $dP/dt$ が人口 $P$ に比例する、という『マルサスの法則』というものがある。時間を $t$、人口を $P(t)$ として、人口の増加率 $dP(t)/dt$ は人口 $P(t)$ に比例する、というモデルじゃ。微分方程式は、比例定数を $\mu$ として、

$$\frac{dP}{dt} = \mu P \quad \leftarrow \text{人口増加を記述する微分方程式}$$

となる。パラメータ $\mu$ は、増殖率とよばれる。マルサス径数[5]ということもある」

👧「バクテリアのような微生物も、単位時間当たりの個体数の増加率 $dP/dt$ が個体数 $P$ に比例する。微分方程式で書くと、やはり、

$$\frac{dP}{dt} = \mu P \quad \leftarrow \text{バクテリアの個体数増加を記述する微分方程式}$$

となる」

👦「バクテリアの増えるスピードは速そうだね」

👧「もちろん、人に比べるとあっという間に増えていくので、増殖率 $\mu$ は人に比べて大きな値になるぞ[6]」

---

[5] 径数とはパラメータのことです。係数、ではないので注意。
[6] 大腸菌の場合、条件がよく、倍々で増えていく対数増殖期にあれば、20〜30分程度で倍になります。この時間を世代時間といいます。

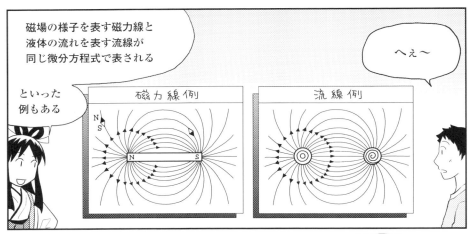

## 6. 放射性崩壊

■ 現象

　エゾシカなどの野生動物がたくさんいる北海道ですが、ヒトの歴史も長いことが知られています。各地に遺跡が見つかっていて、中には一万年以上前の旧石器時代のものもあります。でも、どうやってその遺跡が一万年以上も前のものだとわかったのでしょう？ 考古学では、地層の順序（層序、といいます）、樹木の年輪など多くの証拠を積み上げながら年代を推定していきますが、その中でも強力な手法が、放射性物質の崩壊速度を利用した年代測定です[1]。

　放射性物質というと、なんだか危険な気配が漂ってきますが、じつは自然界には一定の割合で存在し、普段から私たちの身近にあるものです[2]。年代測定でよく使われている物質は、私たちも含めて生物のからだを形成する要素のひとつである、炭素です。

　私たちのからだを形成している炭素は、もとをたどると、植物が光合成をして大気中の二酸化炭素から取り込んだものです。ということは、植物が炭素を取り込んだときに動き出す時計のようなものがあれば、その植物が生きていたのがいつ頃かがわかることになります。さらに動物はその植物が取り込んだ炭素を取り込むことで生きているので、その植物を食べた動物（さらに、その動物を食べた動物）が生きていたのがいつ頃かもだいたいわかってしまう、ということです。でも、そんなに都合よく炭素の中に時計なんてあるわけがないって？ それがあるんです。

　炭素の同位体[3]である炭素14[4] $^{14}_{6}C$ は、宇宙からやってくる放射線が上層大気の原子と衝突してつくられた中性子が、大気中の窒素 $^{14}_{7}N$ と反応することで、常につくられています。つくられた炭素14は、酸素と化合して二酸化炭素になり、大気中に拡散していきます。

　ところでこの炭素14は、長い間安定して存在していることができません。やがて放射線を出して、別の元素に変わってしまいます[5]。炭素14に限らず、放射線を出して別の元素になることを放射性崩壊といい、放射性崩壊する同位体を放射性同位体といいます。放射性同位体は、ある一定の確率で崩壊します。放射性崩壊すると別の元素に変わるので、もとの放射性同位体の数は（新たに供給されなければ）少なくなっていきます。元の放射性

---

[1] 他にも、熱ルミネッセンス法、電子スピン共鳴法などがありますが、考え方は同じです。
[2] もちろん人工的に作られた放射性物質もあります。また、もともと自然界にある放射性物質といえども、量が多いと危険です。放射性物質に限らず化学物質でも、自然界にもともと存在するから安全というわけではありません。
[3] 同じ元素なのに質量数が異なる原子のこと。アイソトープともいいます。原子核の中にある陽子の数が同じで中性子の数が異なります。
[4] 質量数が14の炭素。よくある炭素は $^{12}_{6}C$ で、こちらは質量数が12。ちなみに、炭素の原子番号は6。
[5] β線（高エネルギーの電子）を出して窒素14に変わります。

同位体の原子が崩壊して数が半分になるまでの時間間隔を半減期[6]といい、放射性同位体ごとに決まった値になっています。炭素14の場合、半減期は5730年です。炭素が酸素と化学反応して二酸化炭素になっても、植物や動物に取り込まれても（これも化学反応）放射性崩壊は起きるので、もしも新たに供給されなければ炭素14は5730年毎に半分になっていきます。

しかし、さきほど述べたように、地球上では炭素14は上層大気からつねに供給されていて、しかも崩壊して数が減るのと供給されて数が増えるのがつり合っているので、大気中に（二酸化炭素として）存在する炭素14の量は、ほぼ一定になっています[7]。つまり、大気中の炭素14と炭素12の比は一定になっていることになります[8]。

炭素14を含む二酸化炭素中と炭素12を含む二酸化炭素は化学的な性質は同じなので[9]、区別なく光合成によって植物に取り込まれます。光合成をしている（生きている）植物細胞に含まれる炭素12に対する炭素14の比は、大気中の比と同じになっているはずです。ということは、細胞が光合成をしている間は、その細胞内の炭素12に対する炭素14の比も一定になっているということですね。

しかし、細胞が光合成をやめると、大気中から植物に新たに炭素14が供給されることはなくなるので、炭素12に対する炭素14の割合は小さくなっていきます、つまり、植物が炭素を取り込むのをやめたときに、時計が動き出すというわけです。光合成をやめる理由は、たとえば枯れる、木質になる[10]、動物に食べられる、などが考えられます。植物にしても動物にしても、生物の遺体に含まれる炭素12に対する炭素14の比を調べることで、いつ光合成が終ったかがわかる、ということになります。

---

[6] ほんの一瞬という放射性同位体もあれば、天然ウランの大部分であるウラン238 $^{238}_{92}U$ の45億年のように長いものもあります。ちなみに、原子力発電や核兵器に使われるウラン235 $^{235}_{92}U$ は7億年です。
[7] 上りのエスカレーターを下ると、速さが同じならばずっと同じ高さにいることができる、ということと同じです。良い子はマネしないでね。
[8] 厳密にいうと一定でありません。このため年代測定の正確さが悪くなったり、推定した年代についての議論がおきたりします。
[9] 物理的な性質は異なります。たとえば質量が中性子2個分大きいので、拡散する速さは遅くなります。
[10] 樹木の場合、年輪の内側ほど炭素14の割合が小さくなります

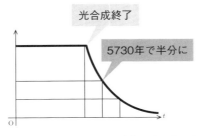

光合成を終了するまでは一定だが、光合成終了後は5730年毎に半分ずつ減っていく。逆に、炭素12に対する炭素14の比がわかれば、いつ光合成が終わったかがわかる。

◆ 生体に含まれる炭素12に対する炭素14の比

さて、さきほど「放射性同位体は、ある一定の確率で崩壊する」と書きましたが、ある放射性同位体のひとつの原子を観察しているとして、その原子がいつ放射性崩壊するかがわかるかというと、じつはこれがわかりません。今すぐかもしれないし、ずっと後かもしれない。ある原子が崩壊するタイミングは、ランダムです。しかし観察を続けていると、たとえば炭素14のように同じ種類の放射性同位体であれば、どの原子をとっても同じ確率で崩壊する、ということは確かです。ひとつの原子だけを観察していたのでは、その原子がいつ崩壊するかを予測することはできませんが、たくさんの原子を観察した場合に時間とともに一定の割合の原子が崩壊していくことは予測できます。つまり、原子数の変化率（崩壊速度）は原子数に比例しているわけです。あれ？　どこかで見たようなフレーズですね。そう、マンガページでは「エゾシカの生息数 $P(t)$ の増加率 $dP(t)/dt$ は、エゾシカの生息数 $P(t)$ に比例する」というモデルを仮定したのでした。ここでも同じように放射性崩壊をモデル化して、数学の世界に持ち込めそうです。

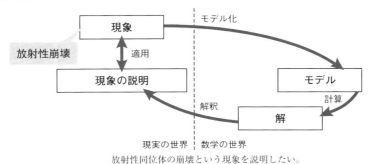

放射性同位体の崩壊という現象を説明したい。

◆ 放射性崩壊を説明したい

■モデル

　では、放射性物質の崩壊を説明するモデルをつくってみます。モデル化するときに気に留めておきたいのは、その現象が起きるのが「なぜ」なのかは知らなくてもいい、ということです[11]。もちろん、ある原子がいつ崩壊するのかを予測できないのはなぜか、そのメカニズムを知りたい、という気持ちは理解できます。知らないより知っている方がスッキリしますよね。しかし、なぜ起きるのかはわからないけれども、どのように起きているのかはわかる、という現象もたくさんあります。メカニズムの解明は一時棚上げしておいて、現象の説明だけでもしてみましょう。そこからわかることもたくさんあるはずです。

　現象の説明をするには、その現象が「どのようにして」起きているかを理解し、モデルとしてうまく数学世界に持ち込むことができていれば、それで十分です。放射性崩壊という現象がどういうメカニズムで起きているのかはわからないけれども、原子数の変化率が原子数に比例して起きている、ということがわかったので、これを数学の世界に持ち込みます。

　時間を $t$、放射性物質の原子数を $N(t)$ として、原子数の変化率 $\mathrm{d}N(t)/\mathrm{d}t$ は原子数 $N(t)$ に比例する、というモデルを仮定します。式で表すと、比例定数を $\lambda$ として、

$$\frac{\mathrm{d}N}{\mathrm{d}t} = -\lambda N \quad \leftarrow \text{放射性崩壊による原子数の変化を記述する微分方程式} \quad (3.1)$$

となります。原子数 $N$ は時間とともに減っていくので、比例定数 $\lambda$ が正になるように、負号を付けておきます[12]。エゾシカの生息数を考えたときと同じように、パラメータ $\lambda$ はこのモデルからだけでは決まりません[13]。

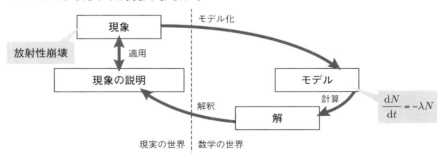

放射性崩壊により原子数の変化率が原子数に比例して起きているので、原子数の変化率 $\mathrm{d}N(t)/\mathrm{d}t$ は原子数 $N(t)$ に比例する、という微分方程式がモデルとなる。

◆ 放射性同位体の崩壊という現象を説明するモデル

---

[11] 放射性崩壊に限らず、一般的な注意です。エゾシカの生息数のモデルをつくった時にも同じことがいえたのでした。
[12] パラメータの中身を負にしてもいいのですが、この方が減っていく感じがでてますね。
[13] 後述するように、放射性同位体の種類によって崩壊の速さが異なるのでそれに応じて $\lambda$ の値は異なります。

■解

では、この微分方程式を解いてみましょう。77ページで求めた式 $\dfrac{\mathrm{d}P}{\mathrm{d}t} = \mu P$ と式（3.1）を見比べると、ほとんど同じカタチ[14]をしていますね。微分方程式のカタチが同じならば、解のカタチも同じになります。ということは、すでに解はわかっている[15]のですが、ここは練習のつもりで解いていきましょう。

放射性物質の原子数の時間の関数 $N(t)$ を得ることが目標です。微分方程式のどこに、これらの変数があるかを確認します。

$$\frac{\mathrm{d}\underset{\text{従属変数}}{N}}{\underset{\text{独立変数}}{\mathrm{d}t}} = -\lambda N$$

これはさきほどと同じ、変数分離型ですね。両辺を $N$ で割り、

$$\frac{1}{N}\frac{\mathrm{d}N}{\mathrm{d}t} = -\lambda$$

として、両辺を積分します。

$$\int \frac{1}{N} \mathrm{d}N = -\lambda \int \mathrm{d}t$$

左辺に変数 $N$、右辺に変数 $t$ と、ふたつの変数がそれぞれの積分に分離できました。

$$\int \frac{1}{N} \mathrm{d}N = -\lambda \int \mathrm{d}t$$

それぞれの積分を求めると、

$$\int \frac{1}{N} \mathrm{d}N = \ln|N| + C_1$$

$$-\lambda \int \mathrm{d}t = -\lambda t + C_2$$

なので、積分定数をまとめて、

$$\ln|N| = -\lambda t + C$$

---

14　変数が入れ替わっているだけ、ということです。
15　85ページのグラフの $\mu < 0$ の場合に相当します。

となります。放射性物質の原子数の時間の関数 $N(t)$ は[16]、

$$N(t) = e^{-\lambda t + C} \quad \text{微分方程式の解} \tag{3.2}$$

となり、微分方程式が解けました。

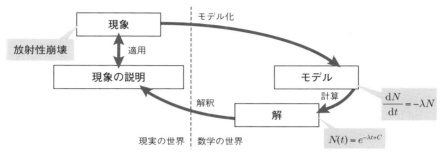

微分方程式を解いて、放射性物質の原子数の時間的な変化は指数関数で表されることがわかった。
◆ 放射性同位体の崩壊という現象を説明するモデルの解

■解釈

次に、積分定数を決めます。時刻 $t=0$ での放射性物質の原子数が $N(0) = N_0$ だったとすると、これが初期条件になるので式（3.2）より、

$$N(0) = e^C$$

なので、

$$N_0 = e^C$$

となり、放射性物質の原子数を表す関数は、

$$N(t) = N_0 e^{-\lambda t} \tag{3.3}$$

と書くことができます。

積分定数が決まったので、パラメータ $\lambda$ を仮定して、放射性物質の原子数 $N$ の時間 $t$ による変化を表すグラフを描いてみます。いまの場合は $\lambda > 0$ なので、原子数はかならず減少していきます。

---

16　$N$ は放射性物質の原子数なので、常に $N>0$ であることに注意。

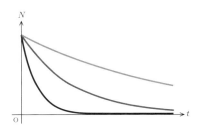

パラメータ $\lambda$ が大きくなると早く崩壊する。ここでは、3つの $\lambda$ に対応する3本の線が引いてある。
◆ 放射性物質の原子数 $N$ の時間 $t$ による変化を表すグラフ

パラメータ $\lambda$ が大きくなると、原子の数は早く減少します（図のグラフには、3つの $\lambda$ に対応する3本の線が引いてあります）。放射性同位体の種類によって崩壊の速さが異なるので、早く崩壊する放射性同位体では $\lambda$ の値が大きく、ゆっくり崩壊する放射性同位体では小さくなります。崩壊の程度を示すので、$\lambda$ を崩壊定数といいます。実際の放射性同位体を調べて崩壊定数がわかれば、いつどのくらいの原子が残っているかがわかり、将来や過去の現象を説明できます。

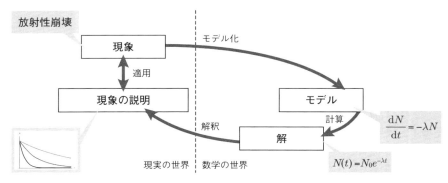

崩壊定数がわかれば、いつどのくらいの原子が残っているかがわかり、将来の予測ができる。
◆ 放射性同位体の崩壊という現象を説明するモデルの解の解釈

半減期と崩壊定数の関係も調べておきましょう。半減期を $t_{1/2}$ と書くと、時刻 $t=0$ での放射性物質の原子数 $N_0$ が、時刻 $t=t_{1/2}$ で $N_0/2$ になる、ということなので、式（3.3）より、

$$\frac{N_0}{2} = N_0 e^{-\lambda t_{1/2}}$$

となります。求める半減期は、これを $t_{1/2}$ について解いて、

$$t_{1/2} = \frac{\ln|2|}{\lambda} \sim \frac{0.69}{\lambda}$$

となります。つまり、半減期は崩壊定数の逆数に比例する、ということです[17]。

ところで、私たちに測ることができるのは、放射能の強さです[18]。放射能の強さは、単位時間あたりに崩壊する原子数（原子数の変化率）に比例するので、つまり原子数に比例することになります[19]。ということで、崩壊定数を直接測ることができるわけではなく、放射能の強さが時間とともに減少していく様子から崩壊定数を求めることになります。

さあ、これでやっと放射性物質を利用した年代測定のことが理解できるようになりました。放射性物質は放射線を出しながら別の元素に崩壊していき、その放射能の変化は式(3.3) のようにわかっているので、半減期（ということは崩壊定数）がわかっている放射性同位体について、過去のある時点での数 $N_0$ に対する現在の数 $N$ の比（つまり、放射能の強さの比）$N/N_0$ がわかれば、その時間間隔 $t$ がわかる、ということです。

$$\frac{N}{N_0} = e^{-\lambda t}$$
$$\therefore t = \frac{\ln|N/N_0|}{\lambda}$$

これは素晴らしい。遺跡から出土した遺物の $N/N_0$ さえわかれば、それがいつ作られたものかがわかる[20]、ということです。

遺跡からの出土品の場合、たとえば、木製品が出土したとすると、その木がいつまで光合成をしていたのかがわかります。木が切られた年代や、加工された年代がわかるわけではないところが微妙ですが、まあその時代の人が大昔の木をわざわざ発掘して使ったということがなければ、その遺跡の年代を推定することができる、というわけです。そのへんに転がっている木片も、測定してみるとすごく古いものだったりするかもしれませんね[21]。

---

17 崩壊の程度が速ければ半分になる時間が短くなる、というのだから、あたりまえですね。
18 測定には、放射能といえばよく出てくるガイガー＝ミュラー計数管や、シンチレーション検出器などが用いられます。簡単に被曝線量を知るためにはフィルムバッジなどが使われます。
19 放射性同位体の原子がたくさんあれば放射能が強い、ということです。
20 正確には、いつ光合成をやめたか、でしたね。
21 このような放射性同位体による年代測定は、古くなればなるほど測定が難しくなります。炭素14の半減期は5730年なので、だいたい6千年で半分、1万2千年で1/4、と減っていき、6万年経つと1/1000になってしまいます。量が減ると正確な測定が難しくなり、炭素14で測ることができるのは数万年程度。それよりも大幅に古いものはよくわからないことになります。岩石については、もっと古い年代を知ることができる方法があります。

## 7. 様々な現象とひとつの表式

　これまで、マルサスの法則と放射性崩壊という2つの異なる現象を説明する微分方程式が、数学的にはひとつのカタチで表されることを見てきました。これまで扱ってきた変数分離型は、微分方程式の基本です。方程式に含まれるふたつの変数をそれぞれ積分の形に分離することができ、積分を実行することができれば、微分方程式が解けます。解法はシンプルですが、様々な現象がこのカタチの微分方程式で書かれます。

　他にも、物体が冷えていくときの温度の時間的変化を説明したり（ニュートンの冷却の法則、付録1参照）、ロケットの到達速度を計算したり（ツィオルコフスキーの式、付録2参照）、刺激に対する感覚量の変化（フェヒナーの法則、付録3参照）など、様々な現象が変数分離型の微分方程式で表されることが知られています。数学の世界では同じかたちをしているモデルが、現実の世界では様々な現象を説明する、というところに、なにか神秘を感じませんか？

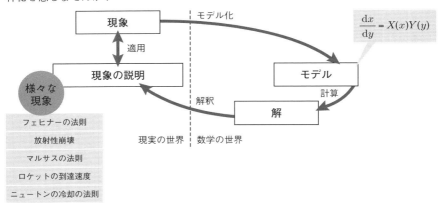

◆ 様々な現象とひとつのカタチ

## 8. ロジスティック・モデル

ところで、91ページでマルサスの法則を調べたときに、世界の人口が増え続けているという話題を用いました。しかし、実際の人口増加率は最近低下しているようです。

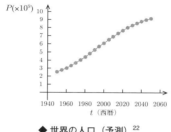

◆ 世界の人口（予測）[22]

だいたい、人口が指数関数的に増える一方なら、そのうち世界のヒトの質量が地球の質量を超えてしまいます。いくらなんでも、そんなことはないでしょう。マルサスの法則は局所的には現象の説明ができましたが、だんだん現実とズレていくようです。ヒトに限り

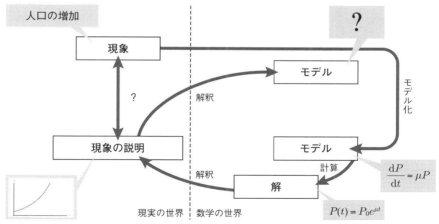

説明したかった人口増加の現象は増加率が最近低下しているが、微分方程式を解いて得た結果は増加率が上昇し続ける。この結果には満足できないのでモデルを修正してもう一度数学の世界に戻る。

◆ 人口増加モデルの修正

---

22　データ出典：国連、World Population Prospects : The 2008 Revision

ません。シャーレで培養されているバクテリアだって、はじめのうちは指数関数的に増殖しますが、増えて培地から栄養が取れなくなると増殖できなくなり、増加率は鈍ります[23]。もう少し広い範囲でモデルを使うには、モデルを修正しなければならないようです。

　何かの現象を説明したいときには、現実の世界の現象を数学の世界に持ち込み、数学の世界で解いた結果を解釈して現象の説明を試みるのでした。望んだ結果が得られればそれで作業はおしまいですが、もの足りない場合は、もう一度数学の世界に戻ってモデルを修正し、解いて解釈するという作業を繰り返します。こうしてどんどん精密な解を得ることができるわけです。どこまで精密にしたらいいのかって？　納得できるところまでです。ループを回ると前よりも高みにいるので、目標との距離は縮まっています。それでもまだ妥協できなければ、もう一度回ってきて、また残りのちょっとについて検討するわけです。

　人口増加の場合を考えてみましょう。ヒトが増えると、それだけ生活環境に対して与える影響も大きくなります[24]。生活環境が悪くなってくると（住みにくくなると）、増加率が下がってきそうです。そこで、マルサス係数を、人口 $P$ が増えると小さくなるように書き換えてみます。$K$ を定数として、

$$\mu\left(1-\frac{P}{K}\right)$$

と書き換え、微分方程式を、

$$\frac{dP}{dt} = \mu\left(1-\frac{P}{K}\right)P \quad \leftarrow \text{修正された人口増加を記述する微分方程式} \quad (3.4)$$

とします。さて、この微分方程式の解曲線はどうなっているでしょうか？

　式 (3.4) の右辺を分母が $K$ になるようにまとめてしまうと、

$$\frac{dP}{dt} = \mu\frac{(K-P)P}{K}$$

となります。ちょっとわかりにくいですが、変数分離型ですね。

$$\frac{dP}{dt} = \mu\frac{(K-P)P}{K}$$

変数分離をすると、

$$\int\frac{dP}{(K-P)P} = \frac{\mu}{K}\int dt$$

となります。つぎは積分を実行したいのですが、右辺はいいとして、左辺が厄介そうです。こんなときによく使う、便利なワザがあります。左辺の積分関数を、

---

[23] 増殖に関していくつかのステージがあるようです。
[24] 環境問題のこと。

$$\frac{1}{(K-P)P} = \frac{1}{K}\left(\frac{1}{P} + \frac{1}{K-P}\right)$$

と書き換えます。通分の逆の操作をするわけですね。部分分数分解といいます。

$$\frac{1}{K}\left(\int \frac{1}{P}\mathrm{d}P + \int \frac{1}{K-P}\mathrm{d}P\right) = \mu \int \mathrm{d}t$$

これなら、各項の積分は、いままで見てきたものと同じように実行することができます。括弧内の2つ目の積分は、$s = K - P$ とすると $\mathrm{d}s/\mathrm{d}P = -1$ より、

$$\int \frac{1}{K-P}\mathrm{d}P = \int \frac{1}{s}\frac{\mathrm{d}P}{\mathrm{d}s}\mathrm{d}s = -\int \frac{1}{s}\mathrm{d}s = -\ln s = -\ln(K-P)$$

となるので(これを置換積分法といいます)、全体としては、

$$\ln P - \ln(K-P) = \mu t + C$$

となります[25]。対数の性質より、

$$\ln\left(\frac{P}{K-P}\right) = \mu t + C$$

なので、指数関数に書き直すと、

$$\frac{P}{K-P} = e^{\mu t + C}$$

と書くことができます。$P$ について解くと、

$$P(t) = \frac{Ke^{\mu t + C}}{1 + e^{\mu t + C}} \quad \leftarrow 修正された微分方程式の解 \tag{3.5}$$

と求めることができました。

$t = 0$ での人口を $P_0$ とすると、

$$P_0 = \frac{Ke^C}{1 + e^C}$$

なので、

$$e^C = \frac{P_0}{K - P_0}$$

となります。これを式 (3.5) に代入して整理すると、

$$P(t) = \frac{KP_0 e^{\mu t}}{K + P_0(e^{\mu t} - 1)} \tag{3.6}$$

となります。

得られた解もちょっと複雑ですが、こんなときは、極端なところから考えてみるのがコ

---

25　$P$, $K - P$ はともに正です。

ツです。たとえば、式 (3.6) に $t=0$ を代入すると、$P(0) = P_0$ となります。これは初期条件で与えたのであたりまえですね。$t \to \infty$ の極限をとってみたいのですが、式 (3.6) のままだとはっきりしないので、分子・分母にそれぞれ $e^{-\mu t}$ を掛けて整理して、

$$P(t) = \frac{KP_0}{(K - P_0)e^{-\mu t} + P_0} \tag{3.7}$$

に、$t \to \infty$ の極限操作をすると、$P_\infty = K$ となります。つまり、この解は、$P(0) = P_0$ から立ち上がり、$P_\infty = K$ で飽和する曲線になっているはずです。解曲線を描いてみましょう。

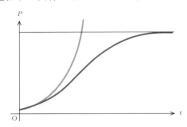

はじめは指数関数（薄い線）のように増加するが、しだいに増加率が鈍り、一定の値に飽和する。
◆ **修正された人口増加モデルの解曲線**

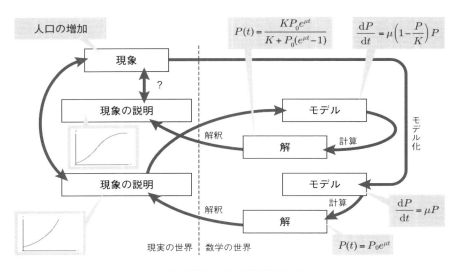

ループを2巡して望む結果が得られた。
◆ **修正された人口増加モデル**

このようなモデルを、ロジスティック・モデルといいます。人口増加だけではなく、工業製品が普及する様子をうまく説明できたりします。

この章では変数分離型の微分方程式を扱いました。ここで一般的に見ておきます。
1階微分方程式、
$$\frac{\mathrm{d}x}{\mathrm{d}y} = F(x)G(y) \tag{3.8}$$
では、右辺が $x$ の関数 $F(x)$ と $y$ の関数 $G(y)$ の積になっています。このようなカタチの微分方程式は、ふたつの変数 $x$, $y$ を左辺と右辺に分離することができるので、変数分離型と呼びます。

式 (3.8) の両辺を $G(y)$ で割ると、
$$\frac{1}{G(y)}\frac{\mathrm{d}y}{\mathrm{d}x} = F(x)$$
となります。両辺を $x$ で積分すると、
$$\int \frac{1}{G(y)}\frac{\mathrm{d}y}{\mathrm{d}x}\mathrm{d}x = \int F(x)\mathrm{d}x + C$$
ですが、左辺の積分は、置換積分法を用いて、
$$\int \frac{1}{G(y)}\frac{\mathrm{d}y}{\mathrm{d}x}\mathrm{d}x = \int \frac{1}{G(y)}\mathrm{d}y$$
と書けるので、結局、積分定数を $C$ として、
$$\int \frac{1}{G(y)}\mathrm{d}y = \int F(x)\mathrm{d}x + C \tag{3.9}$$
となります。左辺に変数 $y$ の微分 $\mathrm{d}y$ と変数 $y$ だけの関数 $G(y)$ だけを、右辺に変数 $x$ の微分 $\mathrm{d}x$ と変数 $x$ だけの関数 $F(x)$ だけを含むので、左辺と右辺に変数が分離できていることがわかります。変数が分離できてしまえば、あとは積分を実行するだけです。とはいっても、解析的には解くことができないかもしれません。しかし、コンピュータを使って数値的に解くこともできます。式 (3.9) のカタチまでもってきてしまえば、解けたも同然です[26]。

このように、変数分離型に持ち込めば微分方程式は解けたも同然なので、変数分離法は微分方程式を解くときの基本になる手法です。一見、変数分離型にはみえないカタチでも、巧みな変数変換を経て、変数分離をするワザもあります。パズルを解くように初めからすべて自分でやってみるのも面白いかもしれませんが、まずは先人の知恵に学びましょう。

---
26 これで解けたとすることもあります。

# 第4章
# 1階非同次線形微分方程式 定数変化法
~雲は落ちている~

1 現象

2 モデル

3 解

4 解釈

5 定数変化法

## 1. 現象

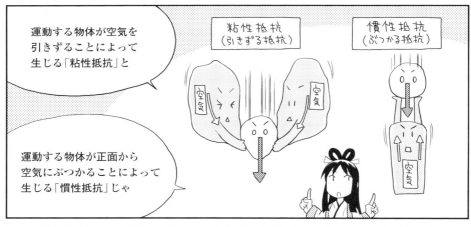

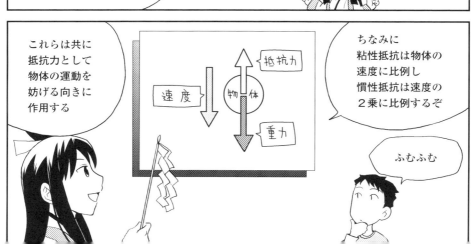

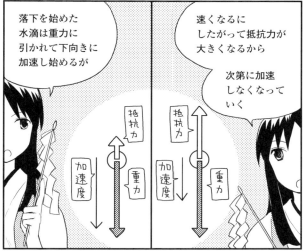

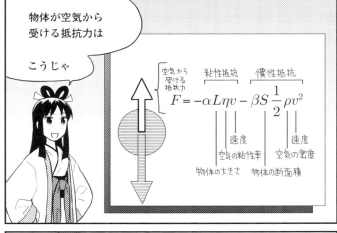

第4章 ◆ 1階非同次線形微分方程式 定数変化法　119

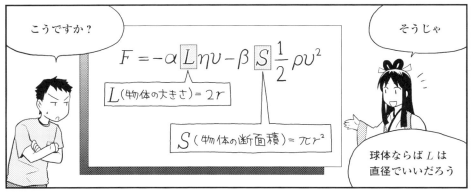

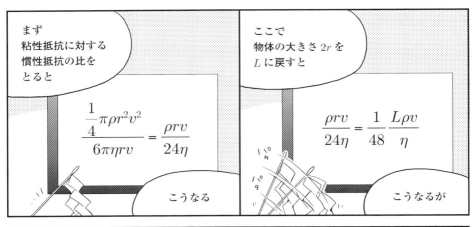
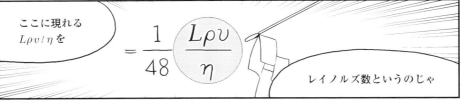
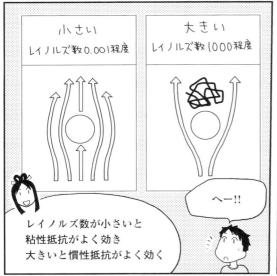

## 2. モデル

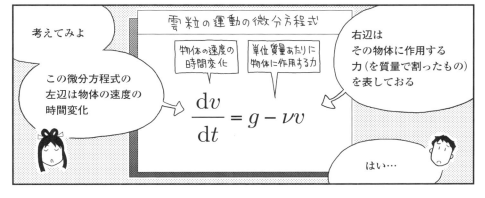

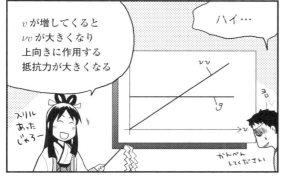

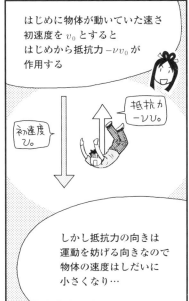

## 3. 解

## 計算をまとめるとこうじゃ

$$\frac{\mathrm{d}v}{\mathrm{d}t} = g - \nu v$$

$$\frac{\mathrm{d}(c(t)e^{-\nu t})}{\mathrm{d}t} = g - \nu(c(t)e^{-\nu t})$$

**本来解きたかった微分方程式**
仮定した解 $v(t) = c(t)e^{-\nu t}$ を代入する

左辺の微分を実行し…

$$\frac{\mathrm{d}c(t)}{\mathrm{d}t}e^{-\nu t} + c(t)\frac{\mathrm{d}e^{-\nu t}}{\mathrm{d}t} = \frac{\mathrm{d}c(t)}{\mathrm{d}t}e^{-\nu t} + c(t)(-\nu e^{-\nu t})$$

戻す

$$\frac{\mathrm{d}c(t)}{\mathrm{d}t}e^{-\nu t} - \nu c(t)e^{-\nu t} = g - \nu c(t)e^{-\nu t}$$

両辺の $\nu c(t)e^{-\nu t}$ を消去する

$$\frac{\mathrm{d}c(t)}{\mathrm{d}t}e^{-\nu t} = g$$

$e^{-\nu t}$ を移項してから積分する

$$c(t) = g\int e^{\nu t}\mathrm{d}t$$

$$= g\frac{e^{\nu t}}{\nu} + c'$$

仮定した解 $v(t) = c(t)e^{-\nu t}$ に代入する

$$v(t) = \left(g\frac{e^{\nu t}}{\nu} + c'\right)e^{-\nu t}$$

$$= \frac{g}{\nu} + c'e^{-\nu t}$$

**重力と粘性抵抗を考えた場合の解**

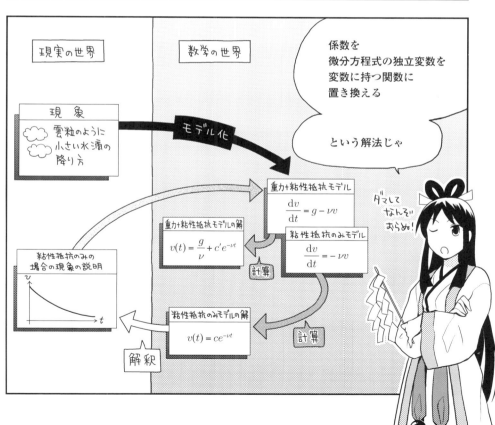

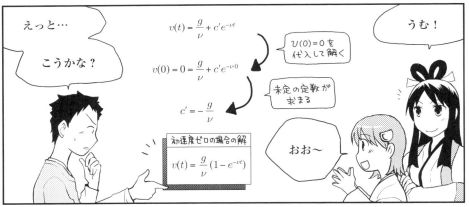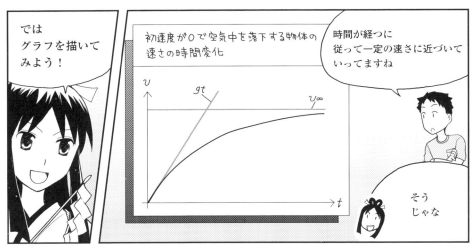

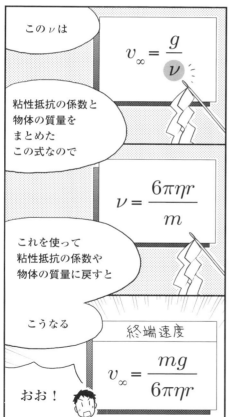

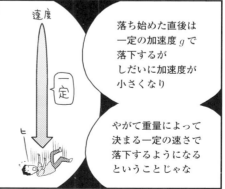

重力がなかったと仮定したときに考えたのと同じように、初速度が 0 ではなく $v_0$ だったとしてみよう

$$v(t) = \frac{g}{\nu} + c' e^{-\nu t}$$

$$v(0) = v_0 = \frac{g}{\nu} + c' e^{-\nu \cdot 0}$$

$v(0) = v_0$ を代入して解く

未定の定数が求まる

$$c' = v_0 - \frac{g}{\nu}$$

$$\boxed{\begin{aligned} v(t) &= \frac{g}{\nu} + \left(v_0 - \frac{g}{\nu}\right) e^{-\nu t} \\ &= \frac{g}{\nu}(1 - e^{-\nu t}) + v_0 e^{-\nu t} \end{aligned}}$$

**初速度 $v_0$ の場合の解**

さっきのこの図を見ると、初速度 $v_0$ が正ならば下向きに、負ならば上向きに動きだしたということになるが…

どちらにしてもいずれ終端速度 $mg/6\pi\eta r$ に近づくんですね！

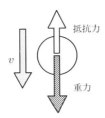

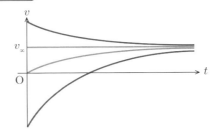

初速度 $v_0$ で空気中を落下する物体の速さの時間変化

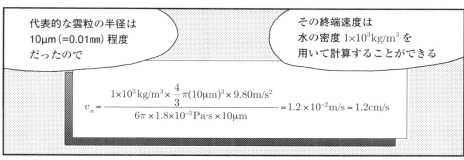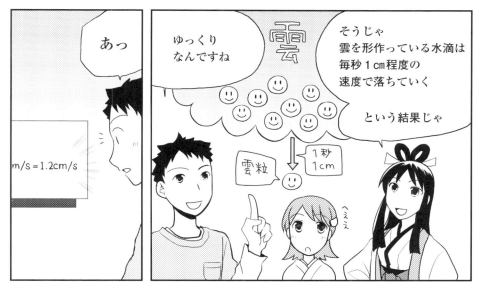

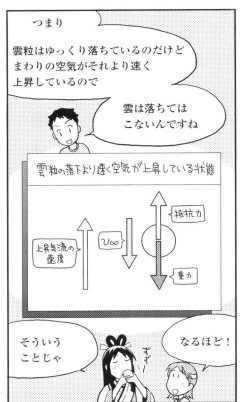

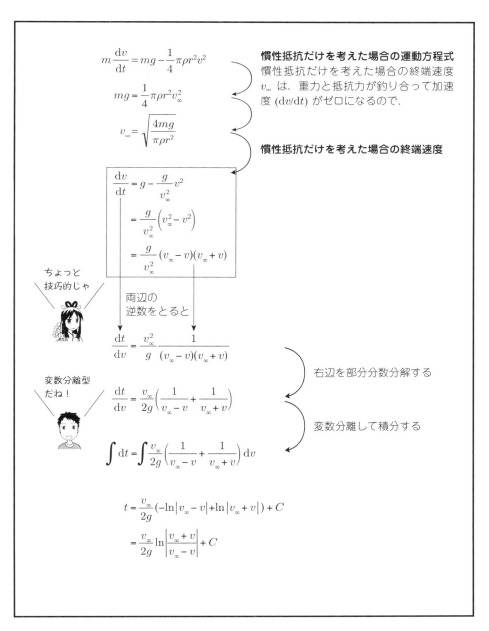

静止していた物体が落ち始める様子を知りたいので、
時刻 $t=0$ で $v(0)=0$ とすると、積分定数はこうなる。

$$0 = \frac{v_\infty}{2g} \ln \left| \frac{v_\infty + 0}{v_\infty - 0} \right| + C$$

$$\therefore C = 0$$

物体の速さ $v$ は終端速度 $v_\infty$ よりも大きくなることはないので、
解の絶対値記号はとっても構わぬ。したがって、求める速度はこうじゃ。

$$t = \frac{v_\infty}{2g} \ln \frac{v_\infty + v}{v_\infty - v}$$

$$\boxed{\therefore v = \frac{1 - e^{-\frac{2g}{v_\infty}t}}{1 + e^{-\frac{2g}{v_\infty}t}} \cdot v_\infty = v_\infty \tanh \frac{gt}{v_\infty}}$$ 慣性抵抗だけを考えた場合の解

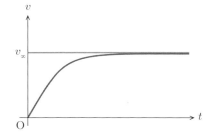

初速度が 0 で空気中を落下する物体の速さの時間変化（慣性抵抗の場合）

粘性抵抗と似た動きだけど、
こっちはもっとシャープだね。

---

※ $\tanh x = \sinh x / \cosh x$

代表的な雨滴での終端速度はこうじゃ

- 半径：1000μm（=1mm）程度
- 大気の密度 $\rho = 1.2\,\text{kg/m}^3$
- 水の密度 $\rho' = 1 \times 10^3\,\text{kg/m}^3$ とする

$$v_\infty = \sqrt{\frac{4 \times \frac{4}{3}\pi \times 1 \times 10^3\,\text{kg/m}^3 \times (1\text{mm})^3 \times 9.80\,\text{m/s}^2}{\pi \times 1.2\,\text{kg/m}^3 \times (1\text{mm})^2}} = 6.6\,\text{m/s}$$

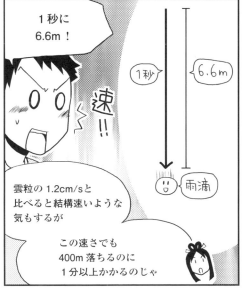

1秒に6.6m！

速!!

1秒 6.6m 雨滴

雲粒の1.2cm/sと比べると結構速いような気もするが

この速さでも400m落ちるのに1分以上かかるのじゃ

そっか…

そう考えたらたいしたことはないな

だから雨が当たっても命の心配がいらんのじゃ

当たってイタイヨー

雨 雨 ←雨滴

雨滴でケガなどしてはイヤじゃろ

すごくイヤである

第4章 ◆ 1階非同次線形微分方程式　定数変化法

## 5. 定数変化法

粘性抵抗を考慮した空気中を落下する物体の運動を説明する微分方程式の解の導き方を振り返ってみましょう。本来解きたい微分方程式、

$$\frac{dv}{dt} = g - \nu v \quad \leftarrow \text{本来解きたい微分方程式} \tag{4.1}$$

は、変数分離型ではないので解くことができず、まずは、右辺第1項の $g$ を無視して（とりあえずなかったことにして）変数分離型にした、

$$\frac{dv}{dt} = -\nu v \quad \leftarrow \text{変数分離型にした微分方程式} \tag{4.2}$$

を解きました。得られた解

$$v(t) = ce^{-\nu t} \quad \leftarrow \text{一般解} \tag{4.3}$$

は、任意の定数 $c$ を含んでいるので（このように $n$ 階微分方程式の解のうち、初期条件などの条件を適用していない $n$ 個の任意定数を含む解を、一般解といいます）、初期条件として、時刻 $t=0$ で $v(0) = v_0$ を与えて、特定の解、

$$v(t) = v_0 e^{-\nu t} \quad \leftarrow \text{特殊解} \tag{4.4}$$

を得ました（一般解の任意定数に特定の数値を入れて得た特定の解を、特殊解といいます）。変数分離型の微分方程式（4.2）を解きたいのであればこれでおしまいですが、いま解きたいのは微分方程式（4.1）なので、変数分離型にした微分方程式の解を補正します。一般解（4.3）の任意定数 $c$ を時間 $t$ の関数 $c(t)$ だと仮定して、関数、

$$v(t) = c(t)e^{-\nu t} \quad \leftarrow \text{任意定数 } c \text{ を時間 } t \text{ の関数 } c(t) \text{ と仮定} \tag{4.5}$$

と書き換え、これが満たすべきもとの微分方程式（4.1）に仮定した解を代入して関数 $c(t)$ を決定し、解、

$$v(t) = \frac{g}{\nu} + c'e^{-\nu t} \quad \leftarrow \text{本来解きたい微分方程式の解} \tag{4.6}$$

を得ました。

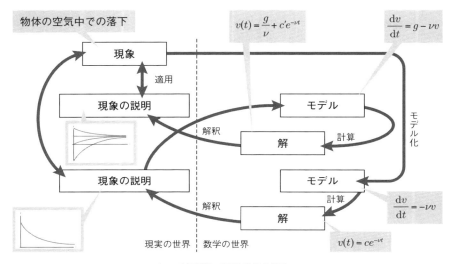

ループを2巡して望む結果を得た。
◆ 粘性抵抗を考慮した空気中の物体の落下モデル

　解を得ることができてしまったので、これでいいわけですが、本当にこんな解法でいいのか、ちょっと心配です。この解法を一般化[1]してみましょう。
　本来解きたかった微分方程式（4.1）を一般的な関数 $p(x)$、$q(x)$ を使って表すと、

$$\frac{\mathrm{d}y}{\mathrm{d}x} + p(x)y = q(x) \quad \leftarrow \text{非同次方程式} \tag{4.7}$$

と書くことができます。$p(x)$、$q(x)$ は、粘性抵抗を考慮した空気中を落下する物体の運動方程式（4.1）ではどちらも定数でしたが、一般的には $x$ の関数としてよいでしょう。一方、重力がないとした場合の運動方程式（4.2）は、

$$\frac{\mathrm{d}y}{\mathrm{d}x} + p(x)y = 0 \quad \leftarrow \text{同次方程式} \tag{4.8}$$

という形でした。どちらも線形微分方程式ですが、$q(x)$ の項が付くか付かないかが異なります。$q(x)$ の項がない式（4.8）は、微分方程式に含まれるすべての項について、$y$ と $\mathrm{d}y/\mathrm{d}x$ に関して同じ次数になっているので、このような形の微分方程式を同次方程式といいます。式（4.7）は、$q(x)$ の項があるために同じ次数にはなっていないので非同次方程式といい、$q(x)$ を非同次項といいます。

---
[1] 数学を使う利点のひとつ、でしたね。

同次方程式 (4.8) を変数分離して解くと、積分定数を $C$ として、
$$y = e^{-\int p(x)\mathrm{d}x + C} = e^C e^{-\int p(x)\mathrm{d}x} \quad \leftarrow 同次方程式の一般解 \tag{4.9}$$
となります。任意定数が含まれているので、これは一般解ですね。この同次方程式の一般解に含まれる積分定数 $C$ を、変数 $x$ の関数 $C(x)$ と置き換え、
$$y = e^{C(x)} e^{-\int p(x)\mathrm{d}x} \quad \leftarrow 同次方程式の一般解の定数を関数に置き換える$$
さらに、式の見た目が複雑になるのを避けるために $e^{C(x)} = c(x)$ と置き換えて、
$$y = c(x) e^{-\int p(x)\mathrm{d}x} \quad \leftarrow 仮定した非同次方程式の解 \tag{4.10}$$
という解を仮定します。これを非同次方程式 (4.7) に代入して、仮定した関数 $c(x)$ を求めると、

$$\frac{\mathrm{d}c(x) e^{-\int p(x)\mathrm{d}x}}{\mathrm{d}x} + p(x) c(x) e^{-\int p(x)\mathrm{d}x} = q(x)$$

$$\frac{\mathrm{d}c(x)}{\mathrm{d}x} e^{-\int p(x)\mathrm{d}x} + c(x) \frac{\mathrm{d}e^{-\int p(x)\mathrm{d}x}}{\mathrm{d}x} + p(x) c(x) e^{-\int p(x)\mathrm{d}x} = q(x)$$

$$\frac{\mathrm{d}c(x)}{\mathrm{d}x} e^{-\int p(x)\mathrm{d}x} + c(x)(-p(x)) e^{-\int p(x)\mathrm{d}x} + p(x) c(x) e^{-\int p(x)\mathrm{d}x} = q(x)$$

$$\frac{\mathrm{d}c(x)}{\mathrm{d}x} e^{-\int p(x)\mathrm{d}x} = q(x)$$

$$\frac{\mathrm{d}c(x)}{\mathrm{d}x} = q(x) e^{\int p(x)\mathrm{d}x}$$

となり、求める関数 $c(x)$ は、

$$c(x) = \int q(x) e^{\int p(x)\mathrm{d}x} \mathrm{d}x + c' \quad \leftarrow 仮定した関数$$

となります。仮定した関数 $c(x)$ を求めることができたので、これを仮定した非同次方程式の解 (4.10) に代入すると、

$$y = \left( \int q(x) e^{\int p(x)\mathrm{d}x} \mathrm{d}x + c' \right) e^{-\int p(x)\mathrm{d}x} \quad \leftarrow 非同次方程式の一般解 \tag{4.11}$$

と、非同次方程式の一般解が求められます。

さて、こうして求めることができた非同次方程式の一般解 (4.11) を展開して、

$$y = e^{-\int p(x)\mathrm{d}x} \int q(x) e^{\int p(x)\mathrm{d}x} \mathrm{d}x + c' e^{-\int p(x)\mathrm{d}x}$$

としてみます。すると、$c' = e^C$ とした同次方程式の一般解 (4.9)、

$$c' e^{-\int p(x)\mathrm{d}x} \quad \leftarrow 同次方程式の一般解$$

と、非同次方程式の特殊解、

$$e^{-\int p(x)\mathrm{d}x}\int q(x)e^{\int p(x)\mathrm{d}x}\mathrm{d}x \quad \leftarrow \text{非同次方程式の特殊解}$$

の和になっていることがわかります。つまり、非同次方程式の一般解は、同次方程式の一般解と非同次方程式の特殊解の和になっていることになります。

$$\boxed{\text{非同次方程式の一般解}} = \boxed{\text{同次方程式の一般解}} + \boxed{\text{非同次方程式の特殊解}}$$

◆非同次方程式の解

ちょっと確かめてみましょう。同次方程式（4.8）の解が $y = u(x)$ だとすると、

$$\frac{\mathrm{d}u(x)}{\mathrm{d}x} + p(x)u(x) = 0 \tag{4.12}$$

という関係が成り立っていることになります。また、非同次方程式（4.7）のある解が $y = v(x)$ だということがわかったとすると、

$$\frac{\mathrm{d}v(x)}{\mathrm{d}x} + p(x)v(x) = q(x) \tag{4.13}$$

という関係が成り立っていることになります。同次方程式の関係（4.12）と非同次方程式の関係（4.13）を辺々加えると、

$$\frac{\mathrm{d}(u(x)+v(x))}{\mathrm{d}x} + p(x)(u(x) + v(x)) = q(x)$$

となるので、$y = u(x) + v(x)$ は非同次方程式（4.7）の解になっていることがわかります。どうやら、この解法で非同次微分方程式の解を求めることができるようです。

非同次方程式のこの解法を定数変化法といいます。非同次方程式を解くために、同次方程式の一般解の定数を変化させる（非同次方程式の解を同次方程式の一般解×未知関数とおく）ので、このように呼ばれています。

```
┌─────────────────────┐
│   同次方程式を解く    │
└─────────┬───────────┘
          ↓
┌─────────────────────┐
│  非同次方程式の解を   │
│  同次方程式の一般解×未知関数 │
│       とおく          │
└─────────┬───────────┘
          ↓
┌─────────────────────┐
│  非同次方程式に代入し │
│   未知関数を求める    │
└─────────┬───────────┘
          ↓
┌─────────────────────┐
│  非同次方程式の特殊解  │
└─────────────────────┘
```

◆ 非同次方程式を解きたい

　定数変化法は、本来解きたい微分方程式から解を求めやすい部分を取り出した微分方程式（同次方程式）の解をまず求めておいて、その解に本来解きたかった微分方程式（非同次方程式）を満足するように補正を加える、という解き方です。微分方程式の形にとらわれることなく、解きやすい（解ける）部分から解いていき、細かいことは後から修正すればいいや、という方法ですね。このアイデアは優れモノです。空気中を落下する物体の運動の例でも、時間が経つにしたがって物体は指数関数的に運動をするようになるので、その部分を手がかりに解を出しておいて、全体の辻褄が合うようにしています。

# 第5章
# 2階線形微分方程式
~揺れ動くだけじゃない~

1 振動の現象

2 振動のモデル1

3 振動のモデル2 ~単振動~

4 振動のモデル3 ~抵抗力があると…~

5 ここまでのまとめ ― 特性方程式

6 振動のモデル1へ戻る ~外力があると…~

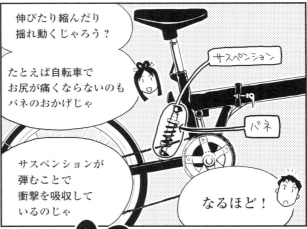

## 2. 振動のモデル 1

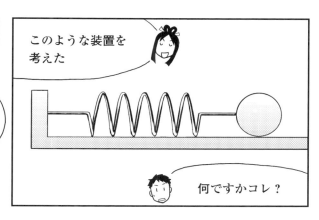

このような装置を考えた

さて
伸びたり縮んだりするバネの長さを測りやすいように

何ですかコレ？

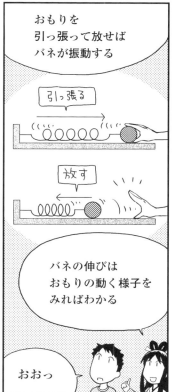

おもりを引っ張って放せばバネが振動する

引っ張る

放す

バネの伸びはおもりの動く様子をみればわかる

おおっ

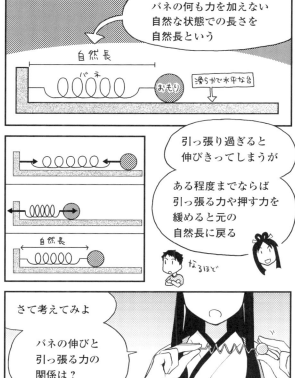

バネの何も力を加えない自然な状態での長さを自然長という

自然長
バネ
おもり
滑らかで水平な台

引っ張り過ぎると伸びきってしまうが

ある程度までならば引っ張る力や押す力を緩めると元の自然長に戻る

自然長

なるほど

さて考えてみよ

バネの伸びと引っ張る力の関係は？

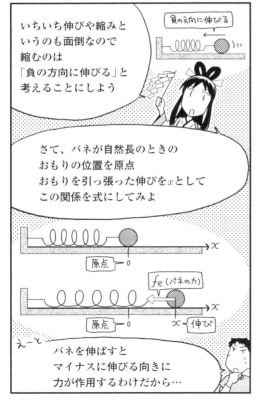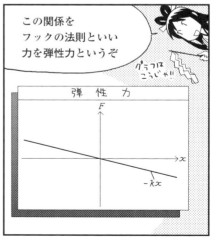

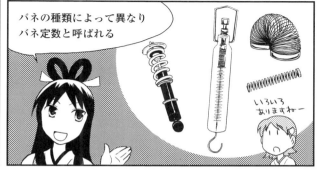

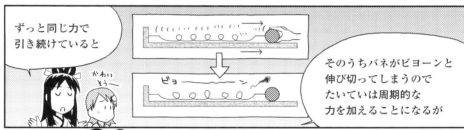
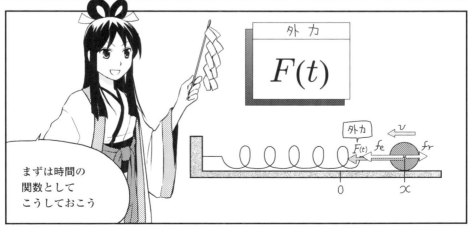

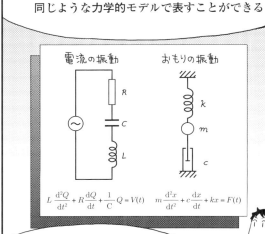

では
振動系の運動方程式を
書いてみよう

おもりの質量を $m$ として
このように表すことができる

$$m\frac{\mathrm{d}^2 x}{\mathrm{d}t^2} = -c\frac{\mathrm{d}x}{\mathrm{d}t} - kx + F(t)$$

抵抗力　弾性力　外力

おもりの質量
空気抵抗の度合
バネの硬さ

$$m\frac{\mathrm{d}^2 x}{\mathrm{d}t^2} + c\frac{\mathrm{d}x}{\mathrm{d}t} + kx = F(t)$$

見通しをよくするために
整理するとこうじゃ

2階非同次線形微分方程式
ですね

そうじゃ

これで振動系の
モデル化はできた

さあ　この
微分方程式を
解いていこう

# 3. 振動のモデル2 〜単振動〜

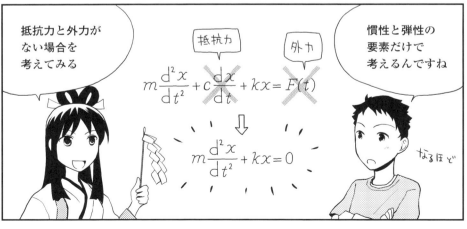

そう
おもりに作用する力は
バネの弾性力だけになる

そしてこの式の
見た目をスッキリ
させるために

$$m\frac{d^2x}{dt^2} + kx = 0$$

左辺に $x$ の2階微分だけが
残るように $kx$ を移項し

両辺を $m$ で割って
式を整理しておくと

こうなる

これは
2階同次微分方程式
ですね

抵抗力と外力がない場合の運動方程式

$$\frac{d^2x}{dt^2} = -\frac{k}{m}x$$

「これまでの流れはこうじゃ。はじめに考えたモデルでは難しくて数学の世界でどう扱えばいいのかわからないので、現象を簡単にすることで階層を下に降り、もう一度モデルを考えてみよう」

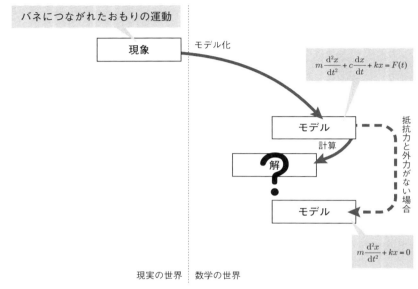

◆抵抗力と外力がない場合のバネの付いたおもりの運動のモデル化

「はい」

「では、抵抗力と外力がない場合の一般解を求めてみよう。この微分方程式を、じっと眺めてみる」

「またですか」

「じっと眺めていると、$x$ を $t$ で2回微分すると、$k/m$ というおまけがつくものの、$-x$ に戻る、という式であることに気がつく[1]」

「2回微分すると元に戻る関数…どこかで見たことがありますね」

---

1　ボーッと眺めていては気がつきません。

「53ページで見た正弦関数の微分の公式、

$$\frac{\mathrm{d}}{\mathrm{d}t}\sin t = \cos t$$

をもう一度、余弦関数の微分の公式、

$$\frac{\mathrm{d}}{\mathrm{d}t}\cos t = -\sin t$$

を使って $t$ で微分すると、

$$\frac{\mathrm{d}^2}{\mathrm{d}t^2}\sin t = \frac{\mathrm{d}}{\mathrm{d}t}\cos t = -\sin t$$

となり、2回微分すると元の関数に戻っている。三角関数のこの性質をうまく使うと、解を手に入れることができそうじゃ。もっとも、2階同次微分方程式 $\frac{\mathrm{d}^2 x}{\mathrm{d}t^2} = -\frac{k}{m}x$ には $k/m$ というおまけがついているので、これをどうしましょうか、という感じじゃが、微分の基本的性質のひとつを使うと、$\omega$ を定数として

$$\frac{\mathrm{d}^2}{\mathrm{d}t^2}\sin\omega t = \omega\frac{\mathrm{d}}{\mathrm{d}t}\cos\omega t = -\omega^2\sin\omega t$$

となるので、何とかなりそうじゃ。実際、

$$\frac{k}{m} = \omega^2 \tag{5.1}$$

とおくと、

$$x(t) = \sin\omega t \tag{5.2}$$

が、微分方程式 $\frac{\mathrm{d}^2 x}{\mathrm{d}t^2} = -\frac{k}{m}x$ の解、であることがわかる。よかったよかった。でも、ちょっと待って。解はこれだけではないな？　たとえば、解（5.2）を定数倍した、

$$x(t) = A\sin\omega t \tag{5.3}$$

も、微分方程式 $\frac{\mathrm{d}^2 x}{\mathrm{d}t^2} = -\frac{k}{m}x$ の解になっている。これは、定数倍にした解を微分方程式に代入してみると、

$$\frac{\mathrm{d}^2}{\mathrm{d}t^2}A\sin\omega t = -\omega^2 A\sin\omega t$$

と、確かめることができる。また、余弦関数の微分の公式、

$$\frac{\mathrm{d}}{\mathrm{d}t}\cos t = -\sin t$$

をもう一度、正弦関数の微分の公式、

$$\frac{\mathrm{d}}{\mathrm{d}t}\sin t = \cos t$$

を使って $t$ で微分すると、

$$\frac{\mathrm{d}^2}{\mathrm{d}t^2}\cos t = -\frac{\mathrm{d}}{\mathrm{d}t}\sin t = -\cos t$$

なので、$B$ を定数として、

$$x(t) = B\cos\omega t \tag{5.4}$$

も微分方程式 $\dfrac{\mathrm{d}^2 x}{\mathrm{d}t^2} = -\dfrac{k}{m}x$ の解じゃ。

　じつは、一般解は解（5.3）と解（5.4）の線形結合[2]、

$$x(t) = A\sin\omega t + B\cos\omega t \qquad 抵抗力と外力がない場合の一般解 \tag{5.5}$$

になる。一般解（5.5）を $t$ で２回微分すれば、

$$\frac{\mathrm{d}^2}{\mathrm{d}t^2}(A\sin\omega t + B\cos\omega t) = -\omega^2(A\sin\omega t + B\cos\omega t)$$

と、解であることを確かめることができる」

---

2　定数倍して和をとったもの、ですね。

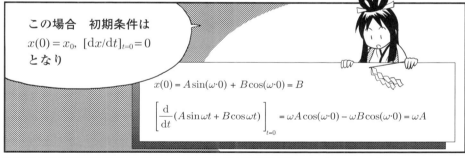
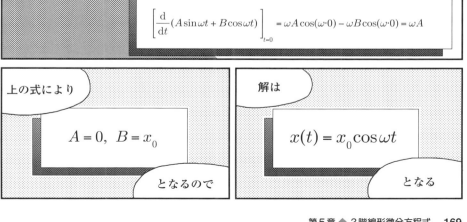

第5章 ◆ 2階線形微分方程式　169

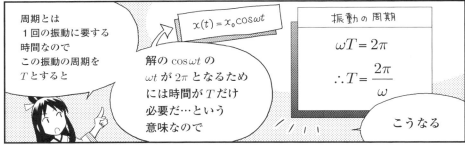

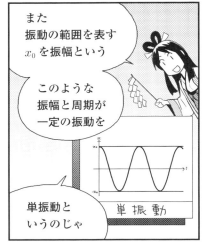

「今の状況はこうじゃ」

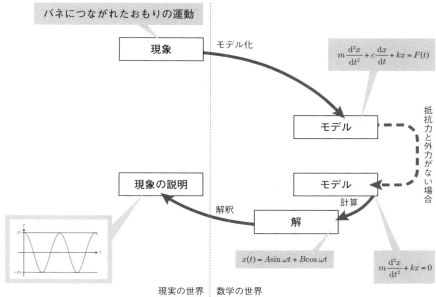

階層を下に降りて簡単にしたモデルの解を得ることができた。現実には抵抗力は必ずあるが、抵抗力が非常に弱い場合の説明にはなっている。

◆ 抵抗力と外力がない場合のバネの付いたおもりの運動の説明

「単振動は、ここで扱っているような抵抗が無視できるバネの振動や、振れ幅の小さな振り子の運動などを説明することができる。また、振動現象を考える基本になるので、この概念を知ることは重要じゃ」

第5章 ◆ 2階線形微分方程式　171

## 4. 振動のモデル3 ～抵抗力があると…～

### 抵抗力がある場合の解

両辺を $m$ で割って式を整理するとこうなる

$$\frac{d^2x}{dt^2} + \frac{c}{m}\frac{dx}{dt} + \frac{k}{m}x = 0$$

これも2階同次微分方程式ですね

単振動のときと同様に式を簡単にするためにこのようにおき

$$\frac{k}{m} = \omega^2$$

またこのようにおくと

$$\frac{c}{m} = 2\gamma$$

微分方程式はこのように書き換えることができる

弾性力と抵抗力を考えた場合の運動方程式

$$\frac{d^2x}{dt^2} + 2\gamma\frac{dx}{dt} + \omega^2 x = 0$$

これを解いていこう

👧「今の流れはこうじゃ。ループ２巡目、階層を下に降りて簡単にしたモデルに別の要素を加え、少し複雑にしてみよう」

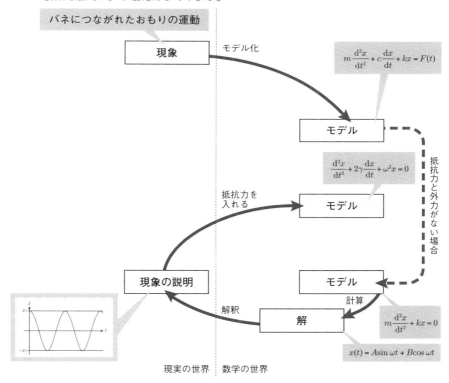

◆ 抵抗力を入れたバネの付いたおもりの運動のモデル化

👧「では、外力がない場合の一般解を求めてみよう。ここでも、この微分方程式 $\frac{d^2x}{dt^2} + 2\gamma \frac{dx}{dt} + \omega^2 x = 0$ をじっと眺めてみる」

👦「はい」

👧「すると、$x$ を $t$ で２回微分した項と、$x$ を $t$ で１回微分した項と、$x$ 自身の項の和が０になっている、ということに気が付く[3]。ということは、関数 $x(t)$ としては、微分しても形の変わらない関数でなければならないはずじゃ」

---

[3] 単振動のところで目を鍛えてあるので、前よりも早く見えたと思います。

「微分しても形の変わらない関数は、どこかで見たことがありますね」

「これも53ページで出てきた式じゃが、指数関数の微分の公式、

$$\frac{\mathrm{d}}{\mathrm{d}t}e^t = e^t$$

をみると、指数関数は微分をしても形が変わらない関数であることがわかる。指数関数のこの性質をうまく使って、微分方程式 $\frac{\mathrm{d}^2 x}{\mathrm{d}t^2} + 2\gamma \frac{\mathrm{d}x}{\mathrm{d}t} + \omega^2 x = 0$ を解けないか、試してみよう」

「指数関数の微分の公式では $e^t$ を $t$ で微分しているが、このままでは係数が出てこない。何度微分しても同じ形のままじゃ。微分方程式 $\frac{\mathrm{d}^2 x}{\mathrm{d}t^2} + 2\gamma \frac{\mathrm{d}x}{\mathrm{d}t} + \omega^2 x = 0$ を見ると各項に係数が掛かっていて、このままでは解になりそうもないので、ちょっと工夫をする。$\lambda$ を定数として微分の基本的性質(53ページ)[4]をあわせて使うと、

$$\frac{\mathrm{d}}{\mathrm{d}t}e^{\lambda t} = \lambda e^{\lambda t}$$

という式が得られ、微分を繰り返すことで、

$$\frac{\mathrm{d}^n}{\mathrm{d}t^n}e^{\lambda t} = \lambda^n e^{\lambda t}$$

が得られる」

「係数が現れて、なんだか微分方程式に使えそうですね」

「そこで、解きたい微分方程式 $\frac{\mathrm{d}^2 x}{\mathrm{d}t^2} + 2\gamma \frac{\mathrm{d}x}{\mathrm{d}t} + \omega^2 x = 0$ の解を、

$$x(t) = e^{\lambda t} \quad \leftarrow \text{仮定した解} \tag{5.6}$$

と仮定して、定数 $\lambda$ が微分方程式 $\frac{\mathrm{d}^2 x}{\mathrm{d}t^2} + 2\gamma \frac{\mathrm{d}x}{\mathrm{d}t} + \omega^2 x = 0$ を満たすように $\lambda$ を決める、という方法を試してみる。

　仮定した解(5.6)を微分方程式 $\frac{\mathrm{d}^2 x}{\mathrm{d}t^2} + 2\gamma \frac{\mathrm{d}x}{\mathrm{d}t} + \omega^2 x = 0$ に代入しよう。

$$\frac{\mathrm{d}^2}{\mathrm{d}t^2}e^{\lambda t} + 2\gamma \frac{\mathrm{d}}{\mathrm{d}t}e^{\lambda t} + \omega^2 e^{\lambda t} = 0 \tag{5.7}$$

微分を実行すると、

$$\lambda^2 e^{\lambda t} + 2\gamma\lambda e^{\lambda t} + \omega^2 e^{\lambda t} = 0$$

となり、$e^{\lambda t}$ でくくると、

$$(\lambda^2 + 2\gamma\lambda + \omega^2)e^{\lambda t} = 0$$

---

[4] 合成関数の微分、といいます。

となる。$e^{\lambda t}$ はゼロにはならない[5]ので、式（5.7）を満足するためには、
$$\lambda^2 + 2\gamma\lambda + \omega^2 = 0 \tag{5.8}$$
でなければならない」

🧑「これは $\lambda$ についての２次方程式ですね」

👧「この代数方程式の解[6]は、
$$\lambda_1 = -\gamma + \sqrt{\gamma^2 - \omega^2}, \quad \lambda_2 = -\gamma - \sqrt{\gamma^2 - \omega^2} \tag{5.9}$$
となる[7]。ということは、代数方程式（5.8）のふたつの解（5.9）に対応して、172ページの微分方程式 $\dfrac{d^2x}{dt^2} + 2\gamma\dfrac{dx}{dt} + \omega^2 x = 0$ のふたつの解、
$$x_1 = e^{\lambda_1 t}, \quad x_2 = e^{\lambda_2 t} \quad \leftarrow \text{微分方程式の解} \tag{5.10}$$
をうまく得ることができた」

👧「しかし、これらの解は任意の定数を含まないので、残念ながら一般解ではない。でも、こんなときどうしたらいいか、もう知っているな」

🧑「定数変化法ですね」

👧「そう。一般解を求めるために、解（5.10）に $t$ の関数 $c_1(t)$ を掛けて、
$$x(t) = c_1(t) e^{\lambda_1 t} \quad \leftarrow \text{さらに係数を仮定した解} \tag{5.11}$$
として、定数変化法を使ってみる。係数を仮定した解（5.11）を $t$ で微分すると、
$$\frac{dx(t)}{dt} = \frac{dc_1(t)}{dt} e^{\lambda_1 t} + c_1(t) \frac{de^{\lambda_1 t}}{dt}$$
$$= \frac{dc_1(t)}{dt} e^{\lambda_1 t} + c_1(t) \lambda_1 e^{\lambda_1 t}$$
$$\frac{d^2 x(t)}{dt^2} = \frac{d^2 c_1(t)}{dt^2} e^{\lambda_1 t} + \frac{dc_1(t)}{dt} \frac{de^{\lambda_1 t}}{dt} + \lambda_1 \frac{dc_1(t)}{dt} e^{\lambda_1 t} + c_1(t) \lambda_1 \frac{de^{\lambda_1 t}}{dt}$$
$$= \frac{d^2 c_1(t)}{dt^2} e^{\lambda_1 t} + 2\lambda_1 \frac{dc_1(t)}{dt} e^{\lambda_1 t} + c_1(t) \lambda_1^2 e^{\lambda_1 t}$$
なので、微分方程式 $\dfrac{d^2x}{dt^2} + 2\gamma\dfrac{dx}{dt} + \omega^2 x = 0$ に代入すると、

---

[5] グラフが $x$ 軸をまたぎませんね。
[6] ２次方程式 $ax^2 + bx + c = 0$ の解の公式は $x = (-b \pm \sqrt{b^2 - 4ac})/2a$ でしたよね。
[7] 気がつきましたか？　ここが「なぁんだ、そういうことね」と思うところです。$\gamma$ の前に係数２を付けておいたことで、２次方程式の解が簡単になりましたね。

$$\left( \frac{\mathrm{d}^2 c_1(t)}{\mathrm{d}t^2} e^{\lambda_1 t} + 2\lambda_1 \frac{\mathrm{d}c_1(t)}{\mathrm{d}t} e^{\lambda_1 t} + c_1(t)\lambda_1^2 e^{\lambda_1 t} \right)$$
$$+ 2\gamma \left( \frac{\mathrm{d}c_1(t)}{\mathrm{d}t} e^{\lambda_1 t} + c_1(t)\lambda_1 e^{\lambda_1 t} \right) + \omega^2 c_1(t) e^{\lambda_1 t} = 0$$

であり、$e^{\lambda_1 t}$ でくくると、

$$\left\{ \frac{\mathrm{d}^2 c_1(t)}{\mathrm{d}t^2} + 2(\lambda_1 + \gamma)\frac{\mathrm{d}c_1(t)}{\mathrm{d}t} + \left(\lambda_1^2 + 2\gamma\lambda_1 + \omega^2\right)c_1(t) \right\} e^{\lambda_1 t} = 0 \tag{5.12}$$

となる」

「見た目の複雑さに惑わされてはならぬぞ。ここでもやはり、$e^{\lambda_1 t}$ はゼロにはならないので、式（5.12）を満足するためには、

$$\frac{\mathrm{d}^2 c_1(t)}{\mathrm{d}t^2} + 2(\lambda_1 + \gamma)\frac{\mathrm{d}c_1(t)}{\mathrm{d}t} + \left(\lambda_1^2 + 2\gamma\lambda_1 + \omega^2\right)c_1(t) = 0$$

でなければならん。さらに、(5.8)より $\lambda^2 + 2\gamma\lambda + \omega^2 = 0$ なので、

$$\frac{\mathrm{d}^2 c_1(t)}{\mathrm{d}t^2} + 2(\lambda_1 + \gamma)\frac{\mathrm{d}c_1(t)}{\mathrm{d}t} = 0$$

となり、両辺に $e^{2(\lambda_1+\gamma)t}$ を掛ける[8]と、

$$e^{2(\lambda_1+\gamma)t}\frac{\mathrm{d}^2 c_1(t)}{\mathrm{d}t^2} + 2(\lambda_1+\gamma)e^{2(\lambda_1+\gamma)t}\frac{\mathrm{d}c_1(t)}{\mathrm{d}t} = 0$$

$$\therefore \frac{\mathrm{d}}{\mathrm{d}t}\left( e^{2(\lambda_1+\gamma)t} \frac{\mathrm{d}c_1(t)}{\mathrm{d}t} \right) = 0$$

と整理できる。これで、だいぶスッキリした。さらに代数方程式の解（5.9）、

$$\lambda_1 = -\gamma + \sqrt{\gamma^2 - \omega^2}, \ \lambda_2 = -\gamma - \sqrt{\gamma^2 - \omega^2}$$

より、$\lambda_1$ と $\lambda_2$ の和をとると、

$$\lambda_1 + \lambda_2 = \left(-\gamma + \sqrt{\gamma^2 - \omega^2}\right) + \left(-\gamma - \sqrt{\gamma^2 - \omega^2}\right) = -2\gamma$$

なので、この関係を使うと、

$$\frac{\mathrm{d}}{\mathrm{d}t}\left( e^{(\lambda_1 - \lambda_2)t}\frac{\mathrm{d}c_1(t)}{\mathrm{d}t} \right) = 0$$

となる。これを $t$ で積分すると、$C$ を任意の定数として、

---

[8] ちょっと技巧的ですが、よく使う手です。

$$e^{(\lambda_1-\lambda_2)t}\frac{\mathrm{d}c_1(t)}{\mathrm{d}t} = C$$

なので、求めたい関数 $c_1(t)$ は、積分定数を $\alpha$ として、

$$c_1(t) = C\int e^{(\lambda_2-\lambda_1)t}\mathrm{d}t + \alpha \tag{5.13}$$

となる」

「さて、この積分は、$\lambda_1 = \lambda_2$ の場合と、$\lambda_1 \neq \lambda_2$ の場合に分けて考えなければならん。それぞれみていこう」

「はじめに $\lambda_1 = \lambda_2$ の場合から考えよう。この場合、$e^{(\lambda_2-\lambda_1)t}=1$ なので、関数(5.13)は、

$$c_1(t) = C\int \mathrm{d}t + \alpha$$

となり、積分を実行すると、

$$c_1(t) = Ct + \alpha$$

となる。微分方程式 $\dfrac{\mathrm{d}^2x}{\mathrm{d}t^2} + 2\gamma\dfrac{\mathrm{d}x}{\mathrm{d}t} + \omega^2 x = 0$ の一般解は、いま求めた $t$ の関数 $c_1(t)$ を、未定係数を仮定した解(5.11)に代入して、

$$x(t) = (Ct + \alpha)e^{\lambda_1 t}$$

と得ることができるが、代数方程式の解(5.9)、

$$\lambda_1 = -\gamma + \sqrt{\gamma^2 - \omega^2},\ \lambda_2 = -\gamma - \sqrt{\gamma^2 - \omega^2}$$

より、$\lambda_1 = \lambda_2$ という条件はつまり、

$$-\gamma + \sqrt{\gamma^2 - \omega^2} = -\gamma - \sqrt{\gamma^2 - \omega^2}$$
$$\sqrt{\gamma^2 - \omega^2} = 0$$
$$\therefore \omega^2 = \gamma^2$$

ということであり、このとき

$$\lambda_1 = \lambda_2 = -\gamma$$

なので、結局、求める一般解は、定数 $C$ を $\beta$ と書き換えて、

$$x(t) = (\alpha + \beta t)e^{-\gamma t} \quad \leftarrow \omega^2 = \gamma^2 \text{ の場合の一般解}$$

となる。ここで、$\alpha$、$\beta$ は任意の定数じゃ」

「つぎに、$\lambda_1 \neq \lambda_2$ の場合を考えると、関数（5.13）は指数関数の積分なので、積分を実行すると、
$$c_1(t) = \frac{C}{\lambda_2 - \lambda_1} e^{(\lambda_2 - \lambda_1)t} + \alpha$$
となる。ここで、代数方程式の解（5.9）、
$$\lambda_1 = -\gamma + \sqrt{\gamma^2 - \omega^2}, \ \lambda_2 = -\gamma - \sqrt{\gamma^2 - \omega^2}$$
から、$\lambda_1 \neq \lambda_2$ という条件は $\omega^2 \neq \gamma^2$ ということになるが、これは、根号の中身 $\gamma^2 - \omega^2$ の符号によって、
$$\omega^2 > \gamma^2, \ \omega^2 < \gamma^2$$
のふたつの場合に分けて考えなければならん」

「まず、$\omega^2 > \gamma^2$ の場合からみていこう。この場合は、代数方程式の解（5.9）、
$$\lambda_1 = -\gamma + \sqrt{\gamma^2 - \omega^2}, \ \lambda_2 = -\gamma - \sqrt{\gamma^2 - \omega^2}$$
の根号の中が負になっているので、これらの解は複素数ということになる。虚数単位を $i$ として、
$$\begin{aligned} &\lambda_1 = -\gamma + i\Omega, \ \lambda_2 = -\gamma - i\Omega \\ &\Omega = \sqrt{\omega^2 - \gamma^2} \end{aligned} \quad (5.14)$$
と書くことができるので、求める一般解は、$\alpha, \beta$ を任意の定数として、
$$x(t) = \alpha e^{-\gamma t + i\Omega t} + \beta e^{-\gamma t - i\Omega t} \quad \leftarrow \omega^2 > \gamma^2 \text{ の場合の一般解}$$
となる。

$\omega^2 < \gamma^2$ の場合はどうかな。この場合は、代数方程式の解（5.9）、
$$\lambda_1 = -\gamma + \sqrt{\gamma^2 - \omega^2}, \ \lambda_2 = -\gamma - \sqrt{\gamma^2 - \omega^2}$$
は実数となり、
$$\begin{aligned} &\lambda_1 = -\gamma + \Gamma, \ \lambda_2 = -\gamma - \Gamma \\ &\Gamma = \sqrt{\gamma^2 - \omega^2} \end{aligned}$$
と書くことができるので、求める一般解は、$\alpha, \beta$ を任意の定数として、
$$x(t) = \alpha e^{-\gamma t + \Gamma t} + \beta e^{-\gamma t - \Gamma t} \quad \leftarrow \omega^2 < \gamma^2 \text{ の場合の一般解}$$
となる」

$$\omega^2 > \gamma^2 : x(t) = \alpha e^{-\gamma t + i\Omega t} + \beta e^{-\gamma t - i\Omega t}, \quad \Omega = \sqrt{\omega^2 - \gamma^2}$$

$$\omega^2 = \gamma^2 : x(t) = (\alpha + \beta t)e^{-\gamma t}$$

$$\omega^2 < \gamma^2 : x(t) = \alpha e^{-\gamma t + \Gamma t} + \beta e^{-\gamma t - \Gamma t}, \quad \Gamma = \sqrt{\gamma^2 - \omega^2}$$

■ 抵抗力がある場合の解の解釈1 （減衰振動）

はじめに、$\omega^2 > \gamma^2$ の場合を調べてみよう

「この場合の一般解は $\alpha$, $\beta$ を任意の定数として、
$$x(t) = \alpha e^{-\gamma t + i\Omega t} + \beta e^{-\gamma t - i\Omega t}, \quad \Omega = \sqrt{\omega^2 - \gamma^2}$$
だった。指数部分を実数部と虚数部で分けると、
$$x(t) = e^{-\gamma t}(\alpha e^{i\Omega t} + \beta e^{-i\Omega t}) \tag{5.15}$$
となる」

「ところで、一般解（5.15）の括弧の中 $\alpha e^{i\Omega t} + \beta e^{-i\Omega t}$ は、オイラーの公式[9]、
$$e^{\pm ix} = \cos x \pm i\sin x$$
を使うと、
$$x(t) = e^{-\gamma t}\{\alpha(\cos \Omega t + i\sin \Omega t) + \beta(\cos \Omega t - i\sin \Omega t)\}$$
$$= e^{-\gamma t}\{(\alpha + \beta)\cos \Omega t + i(\alpha - \beta)\sin \Omega t\}$$
$$= e^{-\gamma t}(a\cos \Omega t + b\sin \Omega t) \tag{5.16}$$
となる。ただし、$a = \alpha + \beta$, $b = i(\alpha - \beta)$ と置いた」

「この解は、周期 $2\pi/\omega$ の単振動の一般解（5.5）とよく似ているが、周期が $2\pi/\Omega$ であることと、全体に $e^{-\gamma t}$ という指数関数が掛かっていることが異なる。この解が表しているのは、どのような運動だろうか？」

「単振動のときに見たのと同様に、おもりを引っ張ってバネを $x_0$ だけ伸ばしておいて、$t = 0$ で静かに放した状況を考えてみよう。初期条件は、$t = 0$ で $x(0) = x_0$, $[dx/dt]_{t=0} = 0$ となるので、式（5.16）より、
$$x(0) = e^{-\gamma \cdot 0}\{a\cos(\Omega \cdot 0) + b\sin(\Omega \cdot 0)\} = a = x_0 \tag{5.17}$$

---

9　ホントは、指数関数を指数が複素数の場合に拡張するための定義、なので、話がひっくり返っているわけですが…

なので、$a = x_0$ であり、式（5.16）を $t$ で微分して、

$$\frac{dx}{dt} = -\gamma e^{-\gamma t}(a\cos\Omega t + b\sin\Omega t) + e^{-\gamma t}(-a\Omega\sin\Omega t + b\Omega\cos\Omega t)$$

$$= e^{-\gamma t}\{(-\gamma a + b\Omega)\cos\Omega t - (\gamma b + a\Omega)\sin\Omega t\}$$

より、

$$\left[\frac{dx}{dt}\right]_{t=0} = e^{-\gamma\cdot 0}\{(-\gamma a + b\Omega)\cos(\Omega\cdot 0) - (\gamma b + a\Omega)\sin(\Omega\cdot 0)\}$$

$$= -\gamma a + b\Omega = 0$$

$$\therefore b = \frac{\gamma}{\Omega}x_0 \tag{5.18}$$

となる。したがって式（5.17）と式（5.18）より、解は、

$$x(t) = e^{-\gamma t}x_0\left(\cos\Omega t + \frac{\gamma}{\Omega}\sin\Omega t\right)$$

となる」

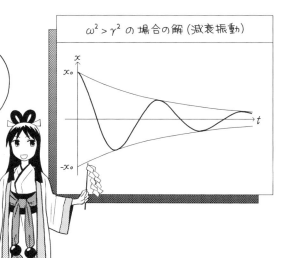
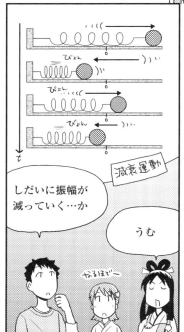
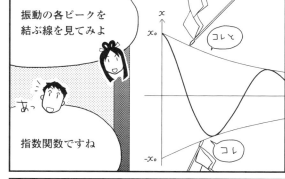

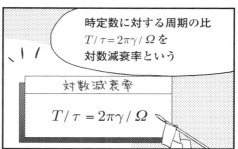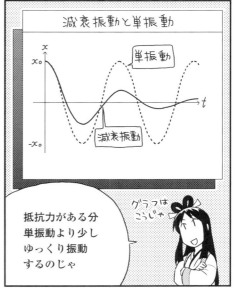

■ 抵抗力がある場合の解の解釈2（過減衰）

次に、$\omega^2 < \gamma^2$ の場合を調べてみよう

「この場合の一般解は、$\alpha$、$\beta$ を任意の定数として、

$$x(t) = \alpha e^{-\gamma t + \Gamma t} + \beta e^{-\gamma t - \Gamma t},\ \Gamma = \sqrt{\gamma^2 - \omega^2} \tag{5.19}$$

だった。やはり指数部分をふたつに分けると、

$$x(t) = e^{-\gamma t}(\alpha e^{\Gamma t} + \beta e^{-\Gamma t}) \tag{5.20}$$

となる。この式を眺めても、どうも振動に関係しそうな項は見当たらない[10]。この解はどんな運動を記述しているのだろうか？」

「ここでも、おもりを引っ張ってバネを $x_0$ だけ伸ばしておいて、$t=0$ で静かに放した状況を考えてみよう。初期条件は、$t=0$ で $x(0)=x_0$, $[dx/dt]_{t=0}=0$ となるので、一般解（5.20）より、

$$x(0) = e^{-\gamma \cdot 0}(\alpha e^{\Gamma \cdot 0} + \beta e^{-\Gamma \cdot 0}) = \alpha + \beta = x_0 \tag{5.21}$$

であり、また、一般解（5.20）を $t$ で微分して、

$$\frac{dx}{dt} = -\gamma e^{-\gamma t}(\alpha e^{\Gamma t} + \beta e^{-\Gamma t}) + e^{-\gamma t}(\alpha \Gamma e^{\Gamma t} - \beta \Gamma e^{-\Gamma t})$$
$$= e^{-\gamma t}\{(\Gamma - \gamma)\alpha e^{\Gamma t} - (\Gamma + \gamma)\beta e^{-\Gamma t}\}$$

より、

$$\left[\frac{dx}{dt}\right]_{t=0} = e^{-\gamma \cdot 0}\{(\Gamma - \gamma)\alpha e^{\Gamma \cdot 0} - (\Gamma + \gamma)\beta e^{-\Gamma \cdot 0}\} = 0$$
$$\therefore\ (\Gamma - \gamma)\alpha - (\Gamma + \gamma)\beta = 0 \tag{5.22}$$

となる。したがって式（5.21）と式（5.22）より、

---

10 指数部が実数の指数関数は、増えるにしろ減るにしろ単調変化の関数です。振動する関数であるためには、指数部に虚数が入っていなければなりません。

$$\begin{cases} \alpha + \beta = x_0 \\ (\Gamma - \gamma)\alpha - (\Gamma + \gamma)\beta = 0 \end{cases}$$

$$\therefore \alpha = \frac{x_0}{2}\left(1 + \frac{\gamma}{\Gamma}\right), \ \beta = \frac{x_0}{2}\left(1 - \frac{\gamma}{\Gamma}\right)$$

なので、解は、

$$x(t) = e^{-\gamma t}\left\{\frac{x_0}{2}\left(1 + \frac{\gamma}{\Gamma}\right)e^{\Gamma t} + \frac{x_0}{2}\left(1 - \frac{\gamma}{\Gamma}\right)e^{-\Gamma t}\right\}$$

となる。このままでもいいが、双曲線関数[11]、

$$\cosh x = \frac{e^x + e^{-x}}{2}, \ \sinh x = \frac{e^x - e^{-x}}{2}$$

を使うと、オイラーの公式と似た関係、

$$e^{\pm x} = \cosh x \pm \sinh x$$

が得られるので、これを使って一般解(5.20)は、

$$x(t) = e^{-\gamma t}\left\{\frac{x_0}{2}\left(1 + \frac{\gamma}{\Gamma}\right)(\cosh \Gamma t + \sinh \Gamma t) + \frac{x_0}{2}\left(1 - \frac{\gamma}{\Gamma}\right)(\cosh \Gamma t - \sinh \gamma t)\right\}$$

$$= e^{-\gamma t} x_0 \left(\cosh \Gamma t + \frac{\gamma}{\Gamma} \sinh \Gamma t\right)$$

と、ちょっぴり簡単になるのじゃ」

---

11 ハイパボリック・サイン、ハイパボリック・コサインと読みます。

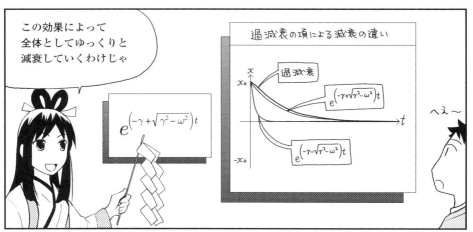

■ 抵抗力がある場合の解の解釈3（臨界減衰）

今度は、$\omega^2 = \gamma^2$ の場合じゃ

「この場合の一般解は、$\alpha$, $\beta$ を任意の定数として、
$$x(t) = (\alpha + \beta t)e^{-\gamma t} \tag{5.23}$$
だった。この場合も、振動に関係しそうな項は見当たらない」

「ここでもこれまでと同じように、おもりを引っ張ってバネを $x_0$ だけ伸ばしておいて、$t = 0$ で静かに放した状況を考えてみよう。初期条件は、$t = 0$ で $x(0) = x_0$, $[\mathrm{d}x/\mathrm{d}t]_{t=0} = 0$ となるので、一般解（5.23）より、
$$x(0) = (\alpha + \beta \cdot 0)e^{-\gamma \cdot 0} = \alpha = x_0 \tag{5.24}$$
なので、$\alpha = x_0$ であり、一般解（5.23）を $t$ で微分して、
$$\begin{aligned}\frac{\mathrm{d}x}{\mathrm{d}t} &= \beta e^{-\gamma t} + (\alpha + \beta t)(-\gamma)e^{-\gamma t} \\ &= \{\beta - \gamma(\alpha + \beta t)\}e^{-\gamma t}\end{aligned}$$
より、
$$\begin{aligned}\left[\frac{\mathrm{d}x}{\mathrm{d}t}\right]_{t=0} &= \{\beta - \gamma(\alpha + \beta \cdot 0)\}e^{-\gamma \cdot 0} = 0 \\ \therefore \beta &= \gamma x_0\end{aligned} \tag{5.25}$$
となる。したがって式（5.24）と式（5.25）より、解は、
$$\begin{aligned}x(t) &= (x_0 + \gamma x_0 t)e^{-\gamma t} \\ &= x_0(1 + \gamma t)e^{-\gamma t}\end{aligned} \tag{5.26}$$
となる」

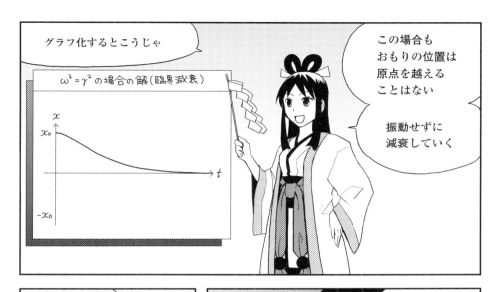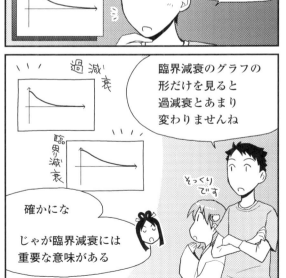

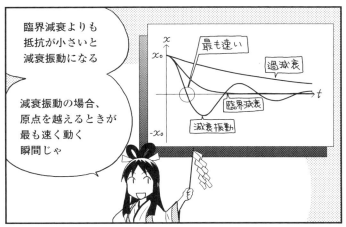

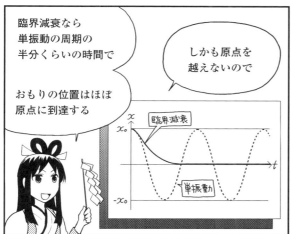

「今はここじゃ。外力がない場合の３通りの解の解釈をしてきた」

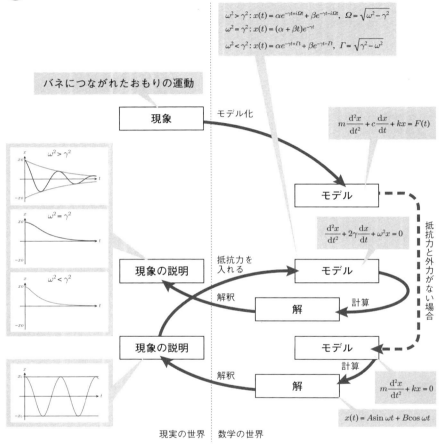

◆ 抵抗力を入れた場合のバネのついたおもりの運動の解釈

「はい」

## 5. ここまでのまとめ——特性方程式

「ここまで、バネの付いたおもりの運動を例に定係数の2階同次微分方程式の解法をみてきた。ここでまとめておこう。定係数の2階同次微分方程式、

$$a\frac{\mathrm{d}^2 y}{\mathrm{d}x^2} + b\frac{\mathrm{d}y}{\mathrm{d}x} + cy = 0 \quad \leftarrow \text{定係数2階同次微分方程式} \tag{5.27}$$

を解くために、$\lambda$ を定数として、解を、

$$y(x) = e^{\lambda x} \quad \leftarrow \text{仮定した解} \tag{5.28}$$

と仮定する。

仮定した解（5.28）を微分方程式（5.27）に代入し、

$$a\frac{\mathrm{d}^2}{\mathrm{d}x^2}e^{\lambda x} + b\frac{\mathrm{d}}{\mathrm{d}x}e^{\lambda x} + ce^{\lambda x} = 0$$

微分を実行すると、

$$a\lambda^2 e^{\lambda x} + b\lambda e^{\lambda x} + ce^{\lambda x} = 0$$

となるので、$e^{\lambda x}$ でくくると、

$$(a\lambda^2 + b\lambda + c)e^{\lambda x} = 0 \tag{5.29}$$

となる。前にも見たように、指数関数 $e^{\lambda x}$ は $x$ のすべての領域でゼロにはならないので、等式（5.29）が成立するためには、

$$a\lambda^2 + b\lambda + c = 0 \tag{5.30}$$

でなければならない。これは $\lambda$ についての2次方程式なので、解は、

$$\lambda_1 = \frac{-b + \sqrt{b^2 - 4ac}}{2a}, \quad \lambda_2 = \frac{-b - \sqrt{b^2 - 4ac}}{2a}$$

となる。つまり、代数方程式（5.30）のふたつの解に対応して、微分方程式（5.27）のふたつの解、

$$y_1 = e^{\lambda_1 x}, \quad y_2 = e^{\lambda_2 x} \quad \leftarrow \text{定係数2階同次微分方程式の解}$$

を得ることになる。

このように、代数方程式の解が微分方程式の解を与えるので、この代数方程式（5.30）を特性方程式という。特性方程式の解がわかれば、微分方程式の解がわかるわけじゃ。2次方程式は必ず解くことができるので、定係数の2階同次微分方程式は必ず解くことができる、ということじゃ。

「特性方程式（5.30）の解は、$\sqrt{\phantom{x}}$（ルート）の中身、つまり、判別式 $b^2 - 4ac$ の符号によって場合分けすることができる。それぞれ、$b^2 > 4ac$ の場合はふたつの実数解、$b^2 = 4ac$ の場合は重解、$b^2 < 4ac$ の場合は互いに共役なふたつの複素数解となるので、それぞれの場合についてみていく。

$b^2 > 4ac$ の場合、特性方程式（5.30）の解はふたつの実数解、

$$\lambda_1 = \frac{-b+\gamma}{2a}, \ \lambda_2 = \frac{-b-\gamma}{2a}, \ \gamma = \sqrt{b^2 - 4ac}$$

なので、微分方程式（5.27）の一般解は、$\alpha, \beta$ を任意の定数として、

$$y(x) = \alpha e^{-\frac{b}{2a}x + \frac{\gamma}{2a}x} + \beta e^{-\frac{b}{2a}x - \frac{\gamma}{2a}x}$$

となる。

$b^2 = 4ac$ の場合、特性方程式（5.30）の解は重解、

$$\lambda_1 = \lambda_2 = -\frac{b}{2a}$$

なので、微分方程式（5.27）の一般解は、$\alpha, \beta$ を任意の定数として、

$$y(x) = (\alpha + \beta x)e^{-\frac{b}{2a}x}$$

となる。

$b^2 < 4ac$ の場合、特性方程式（5.30）の解は共役なふたつの複素数解

$$\lambda_1 = \frac{-b+i\Gamma}{2a}, \ \lambda_2 = \frac{-b-i\Gamma}{2a}, \ \Gamma = \sqrt{4ac - b^2}$$

なので、微分方程式（5.27）の一般解は、$\alpha, \beta$ を任意の定数として、

$$y(x) = \alpha e^{-\frac{b}{2a}x + i\frac{\Gamma}{2a}x} + \beta e^{-\frac{b}{2a}x - i\frac{\Gamma}{2a}x}$$

となる」

## 6. 振動のモデル1へ戻る 〜外力があると…〜

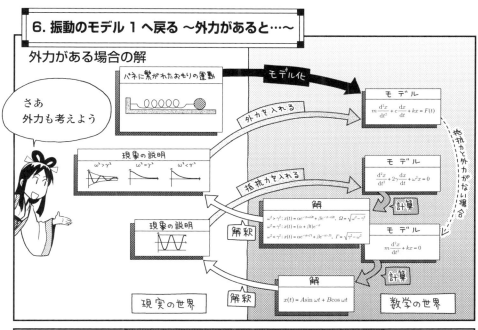

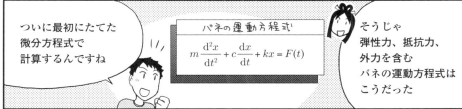

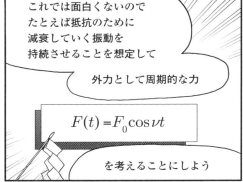

「弾性力、抵抗力、外力を含むバネの運動方程式は両辺を $m$ で割って式を整理すると、

$$\frac{d^2 x}{dt^2} + \frac{c}{m}\frac{dx}{dt} + \frac{k}{m}x = \frac{F_0 \cos \nu t}{m} \tag{5.31}$$

となる」

「これも2階線型微分方程式ですね」

「式（5.1）と同様に、

$$\frac{k}{m} = \omega^2$$

また、172ページと同様に、

$$\frac{c}{m} = 2\gamma$$

とおき、

$$\frac{F_0}{m} = f$$

とおくと、微分方程式（5.31）は、

$$\frac{d^2 x}{dt^2} + 2\gamma \frac{dx}{dt} + \omega^2 x = f \cos \nu t \quad \leftarrow \text{外力も考えた運動方程式} \tag{5.32}$$

と書き換えることができる。これは、非同次微分方程式じゃな。この微分方程式を解いていこう」

「非同次微分方程式なので、第4章と同様の方法を使ってみる。非同次方程式（5.32）に対応する同次方程式は、172ページより、

$$\frac{d^2 x}{dt^2} + 2\gamma \frac{dx}{dt} + \omega^2 x = 0$$

なので、非同次方程式（5.32）の解を、$\omega^2 > \gamma^2$ の場合の同次方程式の解180ページにならって、

$$x(t) = A\cos \nu t + B\sin \nu t \quad \leftarrow \text{仮定した解} \tag{5.33}$$

と仮定し、定数 $A, B$ が微分方程式（5.32）を満たすように決める」

「係数を仮定した解（5.11）を $t$ で微分すると、

$$\frac{\mathrm{d}x(t)}{\mathrm{d}t} = A\frac{\mathrm{d}}{\mathrm{d}t}\cos\nu t + B\frac{\mathrm{d}}{\mathrm{d}t}\sin\nu t$$
$$= -A\nu\sin\nu t + B\nu\cos\nu t$$
$$\frac{\mathrm{d}^2 x(t)}{\mathrm{d}t^2} = -A\nu\frac{\mathrm{d}}{\mathrm{d}t}\sin\nu t + B\nu\frac{\mathrm{d}}{\mathrm{d}t}\cos\nu t$$
$$= -A\nu^2\cos\nu t - B\nu^2\sin\nu t$$

なので、微分方程式（5.32）に代入すると、

$$\{-A\nu^2\cos\nu t - B\nu^2\sin\nu t\} + 2\gamma\{-A\nu\sin\nu t + B\nu\cos\nu t\} + \omega^2(A\cos\nu t + B\sin\nu t)$$
$$= f\cos\nu t$$

であり、まとめると、

$$\{(\omega^2 - \nu^2)A + 2\gamma\nu B\}\cos\nu t + \{2\gamma\nu A + (\omega^2 - \nu^2)B\}\sin\nu t = f\cos\nu t$$

となる。この式を満足するためには、

$$\begin{cases} (\omega^2 - \nu^2)A + 2\gamma\nu B = f \\ -2\gamma\nu A + (\omega^2 - \nu^2)B = 0 \end{cases}$$

でなければならない。この連立方程式を解くと、定数 $A$, $B$ は、

$$A = \frac{\omega^2 - \nu^2}{(\omega^2 - \nu^2)^2 + (2\gamma\nu)^2}f, \quad B = \frac{2\gamma\nu}{(\omega^2 - \nu^2)^2 + (2\gamma\nu)^2}f$$

と求めることができ、仮定した解（5.33）より、特殊解が、

$$x(t) = \frac{\omega^2 - \nu^2}{(\omega^2 - \nu^2)^2 + (2\gamma\nu)^2}f\cos\nu t + \frac{2\gamma\nu}{(\omega^2 - \nu^2)^2 + (2\gamma\nu)^2}f\sin\nu t \tag{5.34}$$

と決まる。

したがって、微分方程式（5.32）の一般解は、同次方程式 $\frac{\mathrm{d}^2 x}{\mathrm{d}t^2} + 2\gamma\frac{\mathrm{d}x}{\mathrm{d}t} + \omega^2 x = 0$ の一般解（5.16）、

$$x(t) = e^{-\gamma t}(a\cos\Omega t + b\sin\Omega t), \quad \Omega = \sqrt{\omega^2 - \gamma^2}$$

と、非同次方程式（5.32）の特殊解（5.34）の和で表されるので、

$$x(t) = e^{-\gamma t}(a\cos\Omega t + b\sin\Omega t)$$
$$+ \frac{\omega^2 - \nu^2}{(\omega^2 - \nu^2)^2 + (2\gamma\nu)^2}f\cos\nu t + \frac{2\gamma\nu}{(\omega^2 - \nu^2)^2 + (2\gamma\nu)^2}f\sin\nu t \tag{5.35}$$

となる」

「やっと一般解が手に入った」

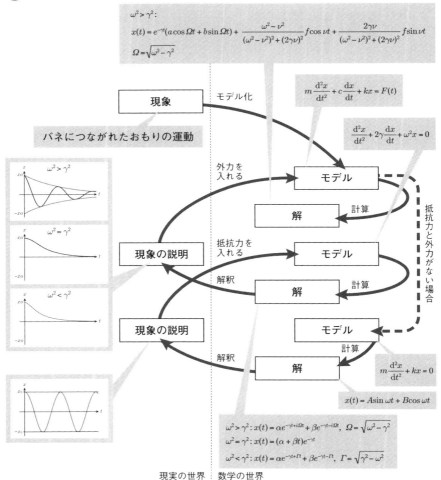

◆外力を入れた場合のバネの付いたおもりの運動の解

「はい」

■ 外力がある場合の解の解釈

「ここで、おもりを原点に静止させた状態で、固有角振動数と同じ角振動数の周期的な外力を作用させる状況を考えてみよう。初期条件は、$t=0$ で $x(0)=0$, $[\mathrm{d}x/\mathrm{d}t]_{t=0}=0$ となり、さらに、外力の角振動数と固有角振動数が等しいので $\nu=\omega$ となる。まず、一般解（5.35）に $\nu=\omega$ を代入すると、

$$x(t) = e^{-\gamma t}(a\cos\Omega t + b\sin\Omega t) + \frac{f}{2\gamma\omega}\sin\omega t \tag{5.36}$$

となる。ここに初期条件 $x(0)=x_0$ を適用して、

$$x(0) = e^{-\gamma\cdot 0}\{a\cos(\Omega\cdot 0) + b\sin(\Omega\cdot 0)\} + \frac{f}{2\gamma\omega}\sin(\omega\cdot 0) = a = 0 \tag{5.37}$$

であり、また、解（5.36）を $t$ で微分すると、

$$\frac{\mathrm{d}x}{\mathrm{d}t} = -\gamma e^{-\gamma t}(a\cos\Omega t + b\sin\Omega t) + e^{-\gamma t}(-a\Omega\sin\Omega t + b\Omega\cos\Omega t) + \frac{f}{2\gamma}\cos\omega t$$

$$= e^{-\gamma t}\{(-\gamma a + b\Omega)\cos\Omega t - (\gamma b + a\Omega)\sin\Omega t\} + \frac{f}{2\gamma}\cos\omega t$$

となるので、

$$\left[\frac{\mathrm{d}x}{\mathrm{d}t}\right]_{t=0} = e^{-\gamma\cdot 0}\{(-\gamma a + b\Omega)\cos(\Omega\cdot 0) - (\gamma b + a\Omega)\sin(\Omega\cdot 0)\} + \frac{f}{2\gamma}\cos(\omega\cdot 0) \tag{5.38}$$

$$= -\gamma a + b\Omega + \frac{f}{2\gamma} = 0$$

となる。したがって式（5.37）と式（5.38）より、

$$\begin{cases} a = 0 \\ -\gamma a + b\Omega + \dfrac{f}{2\gamma} = 0 \end{cases} \therefore \begin{cases} a = 0 \\ b = -\dfrac{f}{2\gamma\Omega} \end{cases} \tag{5.39}$$

なので、解は、式（5.39）を一般解（5.36）に代入して、

$$x(t) = e^{-\gamma t}\left(-\frac{f}{2\gamma\Omega}\sin\Omega t\right) + \frac{f}{2\gamma\omega}\sin\omega t$$

となるが、簡単にするために $\gamma \ll \omega$ とすると、$\Omega \sim \omega$ となるので、解は、

$$x(t) = \frac{f}{2\gamma\omega}(1 - e^{-\gamma t})\sin\omega t$$

と表すことができる」

「おおーっ！」

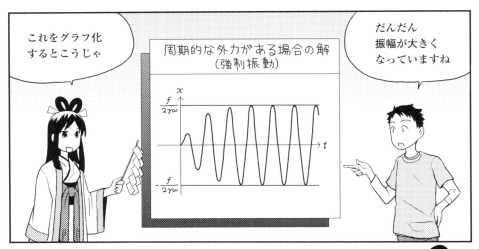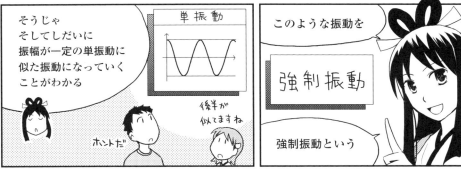

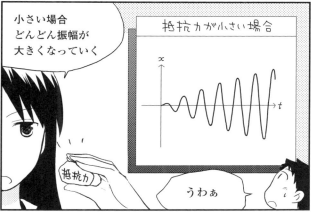

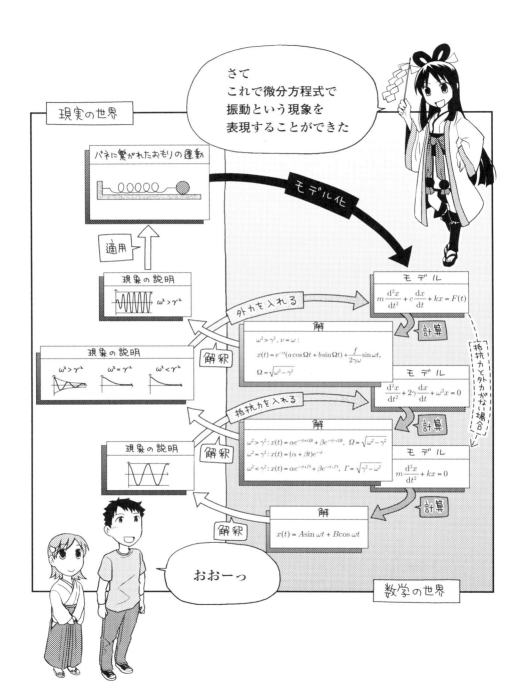

# 付録

1. コーヒーの冷却
2. ロケットの飛行
3. 感覚量
4. 広告の効果
5. 積分因子による解法
6. ロジスティック・モデル、ふたたび

## 1. コーヒーの冷却

最近はいろいろな種類のコーヒーが手軽に飲めるようになったので、コーヒー好きには嬉しいですね。手っ取り早くすませたければ、日本中いたるところに缶コーヒーの自動販売機もあります。

ところで、缶に入った温かいコーヒーってどんどん冷めていきますね。そのせいか、自動販売機から出てきたときには持てないくらい熱くしてあることもあります。そのまま飲むとヤケドしそうです。飲み頃になるのは、いつ頃でしょう?

コーヒーの温度が下がっていく様子も、微分方程式でモデル化できます。まわりの空気よりも暖かいコーヒーを置いておくと、コーヒーの温度は下がっていきます。温度の時間的な変化を調べると、まわりの空気との温度差に比例することがわかります[1]。時間を $t$、コーヒーの温度を $T(t)$、まわりの空気の温度を $T_e$ とすると、微分方程式は、比例定数を $k$ として、

$$\frac{dT}{dt} = -k(T - T_e) \quad \leftarrow \text{コーヒーの温度の時間的変化を記述する微分方程式}$$

となります。これをニュートンの冷却の法則といいます[2]。

解いてみましょうか。まず変数を確認します。

$$\frac{d\underset{\text{従属変数}}{T}}{d\underset{\text{独立変数}}{t}} = -k(T - T_e)$$

ちょっと余計なものがくっついていますが、やはり変数分離型ですね。両辺を $T - T_e$ で割り、

$$\frac{1}{T - T_e} \frac{dT}{dt} = -k$$

として、両辺を積分します。

$$\int \frac{1}{T - T_e} dT = -k \int dt$$

左辺に変数 $T$、右辺に変数 $t$ とそれぞれの積分に分離できました。

---

[1] 温度計と腕時計、グラフ用紙さえあれば、すぐに確かめることができます。
[2] 本当は温度の時間変化ではなく熱量の時間変化を説明した法則ですが、熱容量が温度変化しないならば、同じ結果を表します。

$$\int \frac{1}{T-T_e} dT = -k \int dt$$

左辺と右辺、それぞれの積分を求めると、

$$\int \frac{1}{T-T_e} dT = \ln|T-T_e| + C$$

$$-k \int dt = -kt + C$$

なので、積分定数をまとめて、

$$\ln|T-T_e| = -kt + C$$

となります。温度の時間の関数 $T(t)$ は、

$$T(t) - T_e = e^{-kt+C} \quad \leftarrow 微分方程式の解$$

となり、微分方程式が解けました。

次は、積分定数を決めます。時刻 $t=0$ でのコーヒーの温度が $T(0) = T_0 (> T_e)$ だったとすると[3]、これが初期条件になるので、

$$T(0) - T_e = e^C$$

なので、

$$T_0 - T_e = e^C$$

となり、コーヒーの温度を表す関数は、

$$T(t) = (T_0 - T_e)e^{-kt} + T_e$$

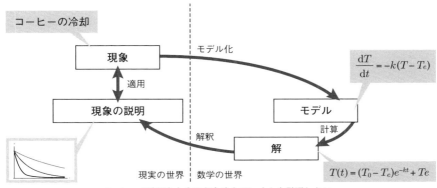

◆ コーヒーの冷却という現象の説明

---

3 冷たいコーヒーではなく温かいコーヒー、ということですね。

と書くことができます。解曲線は、放射性崩壊の解曲線を上にシフトした図になります[4]。パラメータ $k$ が大きくなると、コーヒーははやく冷めます。

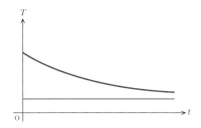

放射性崩壊の解曲線を上にシフトしたグラフになる。
◆ コーヒーの温度 $T$ の時間 $t$ による変化を表すグラフ

つまり、熱すぎるコーヒーが自動販売機から出てきたときは、少しの間だけ温度変化を測定してパラメータ $k$ を決めると、いつのみ頃になるか、予測できるということですね。でも、予測したあとに、フーフーしちゃダメですよ。$k$ が変わってしまうので、予測がずれちゃいますから。

---

4 慣れると、微分方程式を見ただけでグラフのカタチが思い描けるようになります。修行あるのみ。

## 2. ロケットの飛行

北海道十勝地方の太平洋岸に位置する大樹町では「宇宙のまちづくり」を目指していて、アクリルやパラフィンを固体燃料とするハイブリッド・ロケット[5]の発射実験などが行なわれています。ロケットは、自身の質量の一部を後方に捨てることで前向きの運動量を得て進みます。ほとんどのロケットは、推進剤と酸化剤を化学反応させ、燃焼ガスを後方に捨てて飛行します[6]。ロケットの質量を全部うしろに捨ててしまうわけにはいかないので[7]、ロケットが到達することのできる速さには上限があります。この速さの上限を、到達速度といいます。ロケットの到達速度を計算してみましょう。

時間を$t$、ロケットの速さを$V(t)$、ロケットの質量を$M$、ロケット・モータから排気される気体の排出速度を$v$とすると、微分方程式は、

$$\frac{dV}{dM} = -\frac{v}{M} \quad \leftarrow \text{ロケットの速さを記述する微分方程式}$$

となり、変数分離型です。解くと、質量を捨てる前のロケットの質量を$M_i$、質量を捨て終わったロケットの質量を$M_f$として、

$$V = v \ln\left(\frac{M_i}{M_f}\right) \quad \leftarrow \text{微分方程式の解}$$

となります。これをツィオルコフスキーの式といい、これを使うとロケットの到達速度が計算できます。たとえば、排気速度$v = 1500\mathrm{m/s}$のロケット・モータを使い、発射前のロケットの質量が$M_i = 10\mathrm{kg}$、推進材燃焼後のロケットの質量が$M_f = 9\mathrm{kg}$という小型のロケットの場合、到達速度は$V = 158\mathrm{m/s}$になります。

---

[5] 推進剤と酸化剤に固体と液体を使うロケット。
[6] イオン推進ロケットのように、電気的なエネルギーを使うロケットも実用化されています。
[7] ロケットは荷物を運ぶトラックのようなものなので、ロケット本体と荷物の質量は残さなくてはなりません。

## 3. 感覚量

　私たちのからだの反応にも、変数分離型の微分方程式で説明できるものがあります。たとえば、目を閉じて10gの物を持ってもらいます。質量が2倍になると20gですが、感覚的には2倍になったとは感じられず、2倍になったと感じるには100gの物を持たなくてはなりません。私たちの感覚は対数的なんですね。重さの感覚だけではなく、音の大きさの感覚なども同様です。これをフェヒナーの法則といいます。

　物理的な強度を $I$、感覚的な強度を $E(I)$、定数を $k$ とすると、微分方程式は、

$$\frac{dE}{dI} = \frac{k}{I} \quad \leftarrow 感覚的な強度を記述する微分方程式$$

と書かれます。これを解くと、

$$E = k \ln\left(\frac{I}{I_0}\right) \quad \leftarrow 微分方程式の解$$

となります。ただし、感覚的にわかる最低の刺激に対する反応をゼロとしています。

$$E(I_0) = 0$$

パラメータ $k$ と $I_0$ は、どの感覚かにもよりますし、人によっても異なります[8]。

---

8　敏感な人と鈍い人がいますね。

## 4. 広告の効果

求めやすい解をまず求めておいて、その解に本来解きたかった微分方程式を満たすように補正を加える、という定数変化法の解き方は、自然現象だけではなく社会的な現象でも有効です。

世の中は様々な広告であふれています。なぜこんなに広告があるのでしょう。それは、宣伝しないと売り上げが落ちるからですね[9]。実際、販売促進などをまったくしないと、売れ行きは指数関数的に減少していくようです[10]。この様子を微分方程式でモデル化してみましょう。

調査結果によると、売り上げ速度（単位時間あたりの販売数量）$S$ の時間 $t$ による変化は、$\lambda$ と $\mu$ を定数として、

$$S(t) = e^{-\lambda t + \mu} \tag{A.1}$$

という指数関数で説明できるそうです。もちろん、一人ひとりの人に注目した場合は、その人が買うか買わないかは確率的にしかわかりません。この関数が説明しようとしていることは、大勢の人の集団的な振る舞いに注目した場合は、広告をしないと売り上げ速度は（A.1）で表されるような関数で説明できる、ということですね。

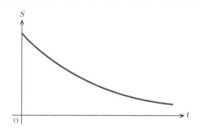

◆ 広告をしない場合の売り上げ速度の時間変化

ところでこの関数は、変数分離型微分方程式の解として、既にお馴染みですね。変数分離型の場合を参考にすると、この関数を満たす微分方程式は、

$$\frac{dS}{dt} = -\lambda S$$

と表すことができそうです[11]。これが、広告をしない場合の売り上げ速度を説明する微分

---

[9] もしくは、売り上げが落ちると恐れているから。
[10] 『微分方程式で数学モデルを作ろう』（デヴィッド・バージェンス、モラグ・ボリー著、日本評論社）p.76。データはちょっと古いですが。
[11] ホントか、と思った方は、関数 $S$ を代入して確かめてください。

方程式です。

　では、広告をするとどうなるでしょう。広告をすると、その広告を見た人の中から商品を買う人が現れます[12]。広告を見た人の中から、ある一定の割合で商品を買う人が現れるとすると、広告を見た人の割合 $A(t)$ に比例して売り上げ速度が増加するはずです。では、広告さえしていれば、天井知らずにいくらでも売れるか、というと、そんなことはないでしょう。商品を買うことができる人の数は限られているので、いずれ頭打ちになり、売り上げ速度は一定になるはずです[13]。ということは、売り上げ速度には限界（売り上げ速度の飽和量）$M$ があって、実際の売り上げ速度 $S$ が売り上げ速度の飽和量 $M$ に近づくと、売り上げ速度 $S$ が鈍るはずです。つまり、売り上げ速度 $S$ は、売り上げ速度の飽和量 $M$ と売り上げ速度 $S$ の差（売り上げ速度上昇の余地）$M-S$ に比例しそうです。売り上げ速度の飽和量 $M$ に対する売り上げ速度上昇の余地 $M-S$ の比 $(M-S)/M$ は、売り上げ速度の伸びの割合を表していると考えられます。まとめると、広告をしたことによる売り上げ速度の時間変化は、$\gamma$ を定数として、

$$\gamma A \cdot \frac{M-S}{M}$$

に比例する、ということなので、微分方程式は、

$$\frac{dS}{dt} = -\lambda S + \gamma A \cdot \frac{M-S}{M}$$

と表現できます。右辺をちょっと整理すると、

$$-\lambda S + \gamma A \cdot \frac{M-S}{M} = -\lambda S + \gamma A - \gamma \frac{AS}{M} = -\left(\lambda + \gamma \frac{A}{M}\right)S + \gamma A$$

なので、微分方程式は、

$$\frac{dS}{dt} = -\left(\lambda + \gamma \frac{A}{M}\right)S + \gamma A \quad \leftarrow \text{本来解きたい非同次方程式} \tag{A.2}$$

という非同次方程式になりました。早速、定数変化法で解いてみましょう。

　非同次方程式（A.2）に対応する同次方程式は、

$$\frac{dS}{dt} = -\left(\lambda + \gamma \frac{A}{M}\right)S \quad \leftarrow \text{同次方程式} \tag{A.3}$$

なので、まずこれを変数分離法で解きます。変数分離をすると、

$$\int \frac{dS}{S} = -\left(\lambda + \gamma \frac{A}{M}\right)\int dt$$

---

[12] 広告によっては買ってくれる人が現れるとは限りませんが、ここでの話は有効な広告の話だと思ってください。
[13] だから物を売っている人たちは市場を拡大したいわけですね。でもどれだけ拡大しようとしても、地球上の人口は限られています。それとも宇宙人に売りますか？

となるので、辺々積分して、

$$\ln|S| = -\left(\lambda + \gamma \frac{A}{M}\right)t + C$$

求める解は、

$$S = \pm e^{-\left(\lambda + \gamma \frac{A}{M}\right)t + C}$$

となります。定数を $c = \pm e^C$ とまとめてしまうと、

$$S = ce^{-\left(\lambda + \gamma \frac{A}{M}\right)t} \quad \leftarrow \text{同次方程式の一般解} \tag{A.4}$$

です。これが同次方程式（A.3）の一般解です。

つぎに、同次方程式の一般解（A.4）が非同次方程式（A.2）を満たすように補正します。定数 $c$ を時間 $t$ の関数 $c(t)$ で置き換え、

$$S(t) = c(t) e^{-\left(\lambda + \gamma \frac{A}{M}\right)t} \quad \leftarrow \text{仮定した非同次方程式の解}$$

とすると、この仮定した解は微分方程式（A.2）を満たすので、代入して微分を実行し、

$$\frac{\mathrm{d}c(t)}{\mathrm{d}t} e^{-\left(\lambda + \gamma \frac{A}{M}\right)t} + c(t)\left(-\left(\lambda + \gamma \frac{A}{M}\right)e^{-\left(\lambda + \gamma \frac{A}{M}\right)t}\right) = -\left(\lambda + \gamma \frac{A}{M}\right)c(t)e^{-\left(\lambda + \gamma \frac{A}{M}\right)t} + \gamma A$$

整理すると、

$$\frac{\mathrm{d}c(t)}{\mathrm{d}t} = \gamma A e^{\left(\lambda + \gamma \frac{A}{M}\right)t}$$

となります。$\alpha = \lambda + \gamma \frac{A}{M}$ と置いて、積分すると、

$$c(t) = \gamma A \int e^{\alpha t} \mathrm{d}t = \gamma A \frac{e^{\alpha t}}{\alpha} + c'$$

なので、求める一般解は、

$$S(t) = \left(\gamma A \frac{e^{\alpha t}}{\alpha} + c'\right)e^{-\alpha t} = \frac{\gamma A}{\alpha} + c' e^{-\alpha t} \quad \leftarrow \text{非同次方程式の一般解} \tag{A.5}$$

となります。

　この解が広告の効果をどう説明しているのかを見るために、具体的な条件を決めてみましょう。広告をしなくても、ある程度の人は商品を買うとすると考えるのが理にかなっているでしょうから、広告を始める時点を $t=0$ として、売り上げ速度 $S$ の初期値を $S(0) = S_0$ とします。また、$0 < t < T$ の期間に一定の広告をするとして、広告を見た人の割合が一定、

$$A(t) = A \quad (0 < t < T)$$

と仮定します。売り上げ速度の初期値 $S(0) = S_0$ を、解（A.5）に代入すると、

$$S(0) = S_0 = \frac{\gamma A}{\alpha} + c' e^{-\alpha \cdot 0}$$

$$\therefore c' = S_0 - \frac{\gamma A}{\alpha}$$

なので、$0 < t < T$ の期間では、売り上げ速度は、

$$S(t) = \frac{\gamma A}{\alpha} + \left(S_0 - \frac{\gamma A}{\alpha}\right) e^{-\alpha t} \quad \leftarrow 0 < t < T \text{ の売り上げ速度} \tag{A.6}$$

となります。広告を開始すると、売り上げ速度は急激に増加しますが、しだいに鈍り、一定の値に近づいていく様子がわかります。

◆ 広告をした場合の売り上げ速度の時間変化

広告を打ち切ると、どうなるでしょう？ $t = T$ で広告を打ち切るとすると、$t > T$ の期間では $A = 0$ なので、微分方程式（A.5）は、

$$\frac{dS}{dt} = -\lambda S$$

となり、一般解は調査結果による式（A.1）と同様、

$$S(t) = c\, e^{-\lambda t} \quad \leftarrow \text{同次方程式の一般解} \tag{A.7}$$

となります。ただし今回は、広告をしたことによって売り上げ速度が伸びているので、$t = T$ の時点での売り上げ速度 $S(T)$ から減少し始めることになります。$0 < t < T$ の期間の売り上げ速度（A.6）に $t = T$ を代入すると、

$$S(T) = \frac{\gamma A}{\alpha} + \left(S_0 - \frac{\gamma A}{\alpha}\right) e^{-\alpha T}$$

となるので、一般解（A.7）より、

$$S(T) = c'' e^{-\lambda T} = \frac{\gamma A}{\alpha} + \left(S_0 - \frac{\gamma A}{\alpha}\right)e^{-\alpha T}$$

$$\therefore c'' = \left(\frac{\gamma A}{\alpha} + \left(S_0 - \frac{\gamma A}{\alpha}\right)e^{-\alpha T}\right)e^{\lambda T}$$

となります。したがって解は、

$$S(t) = \left(\frac{\gamma A}{\alpha} + \left(S_0 - \frac{\gamma A}{\alpha}\right)e^{-\alpha T}\right)e^{-\lambda(t-T)} \quad \leftarrow t > T \text{ の売り上げ速度}$$

となります。広告を打ち切ると、売り上げ速度がしだいに減少していきます。

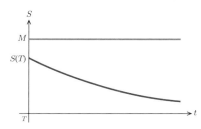

◆ 広告をやめたあとの売り上げ速度の時間変化

　現実の経済はこんなに単純ではないでしょうけれども[14]、大勢の人の集団的な振る舞いならば個性が平均化されてしまい、人間の行動も微分方程式で説明できてしまうのは、興味深いですね。

---

14　実際、もっと複雑なモデルが作られているようです。

## 5. 積分因子による解法

第3章では、非同次線形微分方程式を定数変化法で解く方法を見てきましたが、別の解法もあります。ざっと眺めておきましょう。

非同次方程式、

$$\frac{dy}{dx} + p(x)y = q(x) \quad \leftarrow 非同次方程式$$

の両辺に、ある関数 $\mu(x)$ を掛けると、

$$\mu(x)\frac{dy}{dx} + \mu(x)p(x)y = \mu(x)q(x) \tag{A.8}$$

となります。もしも、この関数 $\mu(x)$ に、都合良く、

$$\frac{d(\mu(x)y)}{dx} = \mu(x)q(x)$$

となる性質があるならば、この微分方程式の右辺は $x$ だけの関数なので、積分することで、

$$\mu(x)y = \int \mu(x)q(x)dx \tag{A.9}$$

と、解くことができます。

そんな都合のいい関数 $\mu(x)$ があるものなのか、調べてみます。積の微分ということは、

$$\frac{d(\mu(x)y)}{dx} = \frac{d\mu(x)}{dx}y + \mu(x)\frac{dy}{dx}$$

なので、微分方程式(A.8) と見比べると、

$$\frac{d\mu(x)}{dx} = \mu(x)p(x) \quad \leftarrow 変数分離型の微分方程式$$

という関係になっていれば、都合がいいわけですね。これは変数分離型、

$$\int \frac{d\mu(x)}{\mu(x)} = \int p(x)dx$$

なので、解くと、

$$\ln|\mu(x)| = \int p(x)dx$$

$$\therefore \mu(x) = \pm e^{\int p(x)dx} \quad \leftarrow 積分因子$$

となり、都合のいい関数が見つかります。この都合のいい関数のことを積分因子といいます。積分因子がわかれば、式(A.9) より、

$$y = \frac{\int \mu(x)q(x)\mathrm{d}x}{\mu(x)} \tag{A.10}$$

と、非同次方程式の一般解が求められるというわけです。

広告の効果で扱った非同次方程式（A.2）を、$\alpha = \lambda + \gamma\dfrac{A}{M}$ で置き換えた式、

$$\frac{\mathrm{d}S}{\mathrm{d}t} = -\alpha S + \gamma A \quad \leftarrow 非同次方程式$$

を、積分因子を利用して解いてみます。積分因子 $\mu(t)$ は、

$$\mu(t) = \pm e^{\int \alpha \mathrm{d}t} = \pm e^{\alpha t + C} = \pm e^C e^{\alpha t} = c e^{\alpha t}$$

となります。一般解（A.10）を見るとわかるように、積分因子には定数倍の任意性があるので、積分定数を含む $C = \pm e^C$ は 1 としてかまいません。つまり、

$$\mu(t) = e^{\alpha t} \quad \leftarrow 積分因子$$

が積分因子です。したがって、

$$S(t) = \frac{\int \mu(t)\gamma A \mathrm{d}t}{\mu(t)} = \frac{\int e^{\alpha t}\gamma A \mathrm{d}t}{e^{\alpha t}} = \frac{\gamma A}{\alpha} + c' e^{-\alpha t} \quad \leftarrow 非同次方程式の一般解$$

が一般解となります。キチンと一般解（A.5）と一致しました。このように、積分因子という都合のいい関数が見つかれば[15]、非同次方程式は簡単に解くことができます。

---

15 積分因子は積分をしないと見つからないので、いつでも見つかるというわけではありません。

## 6. ロジスティック・モデル、ふたたび

146ページの定数変化法で扱った非同次方程式、

$$\frac{\mathrm{d}y}{\mathrm{d}x} + p(x)y = q(x) \quad \leftarrow \text{非同次方程式（線形微分方程式）}$$

をちょっとばかり発展させると、

$$\frac{\mathrm{d}y}{\mathrm{d}x} + p(x)y = q(x)y^n \quad \leftarrow \text{ベルヌーイの微分方程式（非線形微分方程式）} \quad (\text{A.11})$$

という形に書けます。$n=0$ の場合は非同次方程式、$n=1$ の場合は同次方程式で線形微分方程式ですね。それ以外の場合は、ベルヌーイの微分方程式という非線形微分方程式になります。ベルヌーイの微分方程式は、変数変換を施すことで線形微分方程式にすることができ、定数変化法で解くことができます。

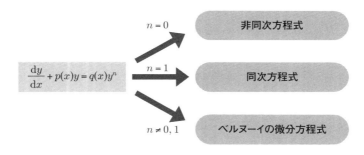

◆ 同次方程式、非同次方程式、ベルヌーイの微分方程式

ベルヌーイの微分方程式は、従属変数 $y$ を、

$$z = \frac{1}{y^{n-1}} \quad \leftarrow \text{変数変換} \quad (\text{A.12})$$

と置き換えることで、線形微分方程式にすることができます。試してみましょう。ベルヌーイの微分方程式 (A.11) の両辺を $y^n$ で割ると、

$$\frac{1}{y^n}\frac{\mathrm{d}y}{\mathrm{d}x} + p(x)\frac{1}{y^{n-1}} = q(x) \quad (\text{A.13})$$

ですね。ところで、式 (A.12) の両辺を $x$ で微分すると、

$$\frac{\mathrm{d}z}{\mathrm{d}x} = -(n-1)\frac{1}{y^n}\frac{\mathrm{d}y}{\mathrm{d}x}$$

$$\therefore \frac{1}{y^n}\frac{\mathrm{d}y}{\mathrm{d}x} = -\frac{1}{n-1}\frac{\mathrm{d}z}{\mathrm{d}x}$$

なので、これと式 (A.12) を式 (A.13) に代入して、

$$-\frac{1}{n-1}\frac{\mathrm{d}z}{\mathrm{d}x} + p(x)z = q(x)$$

と書くことができます。わかりやすくするために、両辺に $1-n$ を掛けると、

$$\frac{\mathrm{d}z}{\mathrm{d}x} + (1-n)p(x)z = (1-n)q(x) \quad \leftarrow \text{非同次方程式（線形微分方程式）}$$

となり、線形微分方程式になっていることがわかります。こうなれば、しめたものです。非同次方程式ならば、定数変化法でも積分因子を用いた解法でも解くことができます。つまり、ベルヌーイの微分方程式は、変数変換で線形化することによって手持ちのツールで解くことができる、ということですね。

107ページで、部分分数分解という技を使って変数分離法で解いたロジスティック・モデルの微分方程式は、じつはベルヌーイの微分方程式でした。思い出してみると、人口を $P$、人口の飽和量を $K$、マルサス径数を $\mu$ として、微分方程式は、

$$\frac{\mathrm{d}P}{\mathrm{d}t} = \mu\left(1 - \frac{P}{K}\right)P$$

でした。右辺を展開して変形すると、

$$\frac{\mathrm{d}P}{\mathrm{d}t} - \mu P = -\frac{\mu}{K}P^2 \quad \leftarrow \text{ベルヌーイの微分方程式（非線形微分方程式）} \quad (\text{A.14})$$

となり、この微分方程式が $n=2$ のベルヌーイの微分方程式であることがはっきりします。

非線形微分方程式 (A.14) の両辺を $P^2$ で割ると、

$$\frac{1}{P^2}\frac{\mathrm{d}P}{\mathrm{d}t} - \mu\frac{1}{P} = -\frac{\mu}{K} \tag{A.15}$$

となります。ここで、従属変数 $P$ を、

$$z = \frac{1}{P} \quad \leftarrow \text{変数変換} \tag{A.16}$$

と置き、$t$ で微分すると、

$$\frac{\mathrm{d}z}{\mathrm{d}t} = -\frac{1}{P^2}\frac{\mathrm{d}P}{\mathrm{d}t}$$

$$\therefore \frac{1}{P^2}\frac{\mathrm{d}P}{\mathrm{d}t} = -\frac{\mathrm{d}z}{\mathrm{d}t}$$

となるので、これを用いて非線形微分方程式（A.15）は、

$$\frac{\mathrm{d}z}{\mathrm{d}t} + \mu z = \frac{\mu}{K} \quad \leftarrow \text{非同次方程式（線形微分方程式）} \tag{A.17}$$

と、線形微分方程式にすることができます。これは、非同次方程式ですね。あとは、定数変化法でいけます。まず、同次方程式、

$$-\frac{\mathrm{d}z}{\mathrm{d}t} - \mu z = 0 \quad \leftarrow \text{同次方程式}$$

を解きます。変数分離して、

$$\int \frac{\mathrm{d}z}{z} = -\mu \int \mathrm{d}t$$

両辺を積分すると、

$$\ln|z| = -\mu t + C$$
$$\therefore z(t) = \pm e^{-\mu t + C} = c e^{-\mu t} \quad \leftarrow \text{同次方程式の解} \tag{A.18}$$

となります。ただし、$c = \pm e^C$ としました。係数 $c$ を時間 $t$ の関数だと仮定して、

$$c = c(t)$$

微分方程式の解（A.18）を、

$$z(t) = c(t) e^{-\mu t}$$

と書き換えます。これを、満たすべき非同次方程式（A.17）に代入して、

$$\frac{\mathrm{d}(c(t) e^{-\mu t})}{\mathrm{d}t} + \mu c(t) e^{-\mu t} = \frac{\mu}{K}$$

$$\frac{\mathrm{d}c(t)}{\mathrm{d}t} e^{-\mu t} + \frac{\mathrm{d}e^{-\mu t}}{\mathrm{d}t} c(t) + \mu c(t) e^{-\mu t} = \frac{\mu}{K}$$

$$\frac{\mathrm{d}c(t)}{\mathrm{d}t} e^{-\mu t} - \mu e^{-\mu t} c(t) + \mu c(t) e^{-\mu t} = \frac{\mu}{K}$$

$$\frac{\mathrm{d}c(t)}{\mathrm{d}t} e^{-\mu t} = \frac{\mu}{K}$$

$$\frac{\mathrm{d}c(t)}{\mathrm{d}t} = \frac{\mu}{K} e^{\mu t}$$

となり、積分して、

$$c(t) = \frac{\mu}{K} \int e^{\mu t} \mathrm{d}t = \frac{e^{\mu t}}{K} + c'$$

を得ます。したがって解は、

$$z(t) = \left(\frac{e^{\mu t}}{K} + c'\right) e^{-\mu t} \quad \leftarrow \text{非同次方程式の解}$$

となります。式（A.16）を使って $z$ を $P$ に戻すと、解は、

$$P(t) = \frac{1}{z(t)} = \frac{1}{\left(\dfrac{e^{\mu t}}{K} + c'\right) e^{-\mu t}} = \frac{Ke^{\mu t}}{e^{\mu t} + Kc'} \quad \leftarrow \text{ベルヌーイの微分方程式の解 (A.19)}$$

です。前章と同様に、時刻 $t=0$ の時点での人口を $P_0$ とすると、

$$P_0 = \frac{Ke^{\mu \cdot 0}}{e^{\mu \cdot 0} + Kc'} = \frac{K}{1 + Kc'}$$

$$\therefore c' = \frac{K - P_0}{KP_0}$$

これを解（A.19）に代入して、

$$P(t) = \frac{Ke^{\mu t}}{e^{\mu t} + K\left(\dfrac{K - P_0}{KP_0}\right)} = \frac{KP_0}{(K - P_0)e^{-\mu t} + P_0}$$

となり、108ページの（3.7）に一致しました[16]。

ひとつの目的を達成するために複数のツールがあるように、ひとつの微分方程式を様々な解法で解くことができるわけですね。まずはどれかひとつ得意技を身に付けておくと、発展させていくことができます。ベルヌーイの微分方程式も、線形化したあとは、定数変化法で解くことができました。まずは、解の求めやすい同次方程式を解いておいて、その解に本来解きたかった非同次方程式を満足するように補正を加える、という解き方をツールとして使えるようになっておきましょう。

---

16　$P^2$ の項を無視した同次方程式の解から定数変化法で解くことも、積分因数を使って解くこともできます。

　微分方程式の教科書や参考書は数多く出版されています。その膨大な数の中から、この本を読み終えたあとに手に取って頂きたい本を見繕ってみました。どれも現在書店で手に入る本ばかりです。このリストには、数学的な厳密性と一般性を追究する類いの本はありません。そのような本は、ここに挙げた本を読み終えてから挑戦してみるといいと思います。

- 野崎 亮太『道具としての微分方程式』日本実業出版社（2004）
  著者は、中学生から読み始めることができる、と書いています。微分方程式に入る前の、自然科学と人間の関わりや数学的な概念について丁寧に書かれています。

- 村上 雅人『なるほど微分方程式』海鳴社（2005）
  高校生でも理解できるように工夫されています。式の導出や展開を省略しない、という趣旨で書かれたシリーズの一冊。書名にはシリーズ名は入っていませんが、この「なるほど数学シリーズ」は独学で学ぶ人にお勧めです。

- 佐野 理『理工系数学のキーポイント5 キーポイント微分方程式』岩波書店（1993）
  大学1、2年生向け。豊富な例題に噛み砕いた解説がついているので、わかりやすく読みやすい本です。少ない知識でも基本的な考え方をしっかり理解していれば問題が解けるようになる、という立場で書かれています。

- デヴィッド バージェス、モラグ ボリー（垣田 高夫、大町 比佐栄　訳）
『微分方程式で数学モデルを作ろう』日本評論社（1990）
  大学1、2年生向け。モデル化と現実の世界への適用について詳しく書かれています。取り上げられている現象が多彩で、興味を持って読み進むことができるはずです。

- 矢嶋 信男『理工系の数学入門コース4 常微分方程式』岩波書店（1989）
  理工系の大学1、2年生向け。微分方程式の扱い方や解き方に主眼をおいて書かれています。いわゆる、微分方程式の教科書です。

**【記号】**
Δ（デルタ） ……………………………… 34
Σ（シグマ） ……………………………… 57
∫（インテグラル） ……………………… 58

**【C】**
$\cosh x$ …………………………… 41, 186
$\cos x$ ……………………………………… 40

**【D】**
d ……………………………………………… 46

**【E】**
$e^?$ …………………………………………… 38

**【L】**
lim …………………………………………… 46
$\ln x$ ………………………………………… 39

**【S】**
$\sinh x$ …………………………… 41, 186
$\sin x$ ……………………………………… 40

**【あ】**
一般解 ……………………………………… 145
運動方程式 ………………………………… 16
エゾシカの数の増加 ……………………… 74
オイラーの公式 ………………………… 41, 180
温度の時間的変化 ……………………… 212

**【か】**
階数 ……………………………………… 50, 66
角周波数 …………………………………… 170
過減衰 …………………………………… 185, 187
感覚的な強度 …………………………… 216
関数 ………………………………………… 29

慣性抵抗 …………………………………… 118
共振 ………………………………………… 202
強制振動 …………………………………… 202
共鳴 ………………………………………… 202
極限 ………………………………………… 45
空気抵抗 …………………………………… 118
グラフ ……………………………………… 33
原始関数 …………………………………… 61
減衰振動 ………………………………… 180, 182
広告の効果 ………………………………… 217
合成関数の微分 ………………………… 174
勾配 ………………………………………… 34
固有角振動数 …………………………… 170

**【さ】**
座標 ………………………………………… 31
三角関数 …………………………………… 40
次数 ………………………………………… 67
指数関数 ………………………………… 38, 82, 88
自然対数 …………………………………… 39
時定数 ……………………………………… 183
周期 ………………………………………… 170
従属変数 …………………………………… 31
終端速度 ………………………………… 137, 139, 143
常微分方程式 …………………………… 66
常用対数 …………………………………… 39
初期位置 …………………………………… 35
初期条件 ………………………………… 84, 101
助変数 ……………………………………… 76
人口増加 ………………………………… 93, 105
振幅 ………………………………………… 170
振幅減衰率 ……………………………… 182
積分 ……………………………………… 58, 59
積分因子 ………………………………… 222
積分定数 …………………………………… 65
積分の公式 ………………………………… 66

| | |
|---|---|
| 積分変数 | 58 |
| 接線の傾き | 44 |
| 切片 | 35 |
| 線形化 | 225 |
| 線形微分方程式 | 67 |
| 双曲線関数 | 41,186 |

## 【た】

| | |
|---|---|
| 対数関数 | 39 |
| 対数減衰率 | 183 |
| 単位 | 35,48 |
| 単振動 | 170 |
| 弾性力 | 158 |
| 置換積分法 | 107 |
| 定型数微分方程式 | 67 |
| 定数変化法 | 145,148,217,224 |
| 定積分 | 65 |
| 導関数 | 49 |
| 同次方程式 | 67,146 |
| 特殊解 | 145 |
| 特性方程式 | 195 |
| 独立変数 | 31 |

## 【な】

| | |
|---|---|
| ニュートンの運動方程式 | 16 |
| ニュートンの冷却の法則 | 212 |
| ネイピア数 | 38 |
| 粘性抵抗 | 118 |
| 年代測定 | 96 |

## 【は】

| | |
|---|---|
| ハイパボリック・コサイン | 41,186 |
| ハイパボリック・サイン | 41,186 |
| バクテリアの個体数増加 | 93 |
| バネ定数 | 159 |
| パラメータ | 76 |
| 半減期 | 97,102 |
| 微積分学の基本定理 | 61,63,65 |
| 非線形微分方程式 | 67 |
| 非同次方程式 | 67,146,224 |
| 微分 | 47,51 |
| 微分係数 | 46 |
| 微分の基本的性質 | 53 |
| 微分の公式 | 52,53 |
| 微分方程式の分類 | 66 |
| フェヒナーの法則 | 216 |
| フックの法則 | 158 |
| 不定積分 | 65 |
| 部分分数分解 | 107 |
| ベルヌーイの微分方程式 | 224 |
| 変化率 | 34,44 |
| 変化量 | 34 |
| 変係数微分方程式 | 67 |
| 変数 | 30 |
| 変数分離型 | 81,100,109,212,215,216 |
| 偏微分方程式 | 66 |
| 崩壊定数 | 102 |
| 放射性崩壊 | 96,99 |

## 【ま】

| | |
|---|---|
| マルサスの法則 | 91,93 |
| モデル化 | 12,22,74,99,123 |

## 【ら】

| | |
|---|---|
| 臨界減衰 | 190,191 |
| レイノルズ数 | 121 |
| ロケットの到達速度 | 215 |
| ロジスティック・モデル | 105,109,225 |

〈著者略歴〉
佐藤実（さとうみのる）
現在：東海大学清水教養教育センター／理学部講師
専門：物理教育研究、宇宙エレベーター

- ● マンガ制作　株式会社トレンド・プロ　TREND-PRO
  マンガに関わるあらゆる制作物の企画・制作・編集を行う，1988年創業のプロダクション。日本最大級の実績を誇る。
  http://www.ad-manga.com/
  東京都港区新橋2-12-5　池伝ビル3F
  TEL：03-3519-6769　FAX：03-3519-6110

- ● シナリオ　SWP

- ● 作　画　あづま笙子

- ● Ｄ　Ｔ　Ｐ　株式会社イーフィールド

本書は 2009 年 11 月発行の「マンガでわかる微分方程式」を、判型を変えて出版するものです。

- 本書の内容に関する質問は、オーム社書籍編集局「(書名を明記)」係宛に、書状または FAX (03-3293-2824)、E-mail (shoseki@ohmsha.co.jp) にてお願いします。お受けできる質問は本書で紹介した内容に限らせていただきます。なお、電話での質問にはお答えできませんので、あらかじめご了承ください。
- 万一、落丁・乱丁の場合は、送料当社負担でお取替えいたします。当社販売課宛にお送りください。
- 本書の一部の複写複製を希望される場合は、本書扉裏を参照してください。
JCOPY <(社)出版者著作権管理機構 委託出版物>

## ぷち マンガでわかる微分方程式

平成 28 年 7 月 7 日　　第 1 版第 1 刷発行

著　者　佐藤　実
作　画　あづま笙子
制　作　トレンド・プロ
発行者　村上和夫
発行所　株式会社 オーム社
　　　　郵便番号　101-8460
　　　　東京都千代田区神田錦町 3-1
　　　　電話　03(3233)0641(代表)
　　　　URL　http://www.ohmsha.co.jp/

© 佐藤　実・トレンド・プロ *2016*

印刷・製本　壮光舎印刷
ISBN978-4-274-21913-9　Printed in Japan

# オーム社の マンガでわかる シリーズ

### マンガでわかる 統計学

- 高橋 信 著
- トレンド・プロ マンガ制作
- B5変判／224頁
- 定価：2,000円＋税

**本家「マンガでわかる」シリーズもよろしく！**

### マンガでわかる 統計学[回帰分析編]

- 高橋 信 著
- 井上 いろは 作画
- トレンド・プロ 制作
- B5変判／224頁
- 定価：2,200円＋税

### マンガでわかる 統計学[因子分析編]

- 高橋 信 著
- 井上 いろは 作画
- トレンド・プロ 制作
- B5変判／248頁
- 定価 2,200円＋税

---

**ホームページ** http://www.ohmsha.co.jp/　　**TEL／FAX** TEL.03-3233-0643　FAX.03-3233-3440